正极载体材料及表面修饰对锂硫电池电化学性能的影响

潘　虹　唐鑫垚◎著

黑龙江大学出版社
HEILONGJIANG UNIVERSITY PRESS

哈尔滨

图书在版编目（CIP）数据

正极载体材料及表面修饰对锂硫电池电化学性能的影响 / 潘虹，唐鑫垚著． -- 哈尔滨：黑龙江大学出版社，2024.7（2025.3 重印）

ISBN 978-7-5686-0917-3

Ⅰ．①正… Ⅱ．①潘… ②唐… Ⅲ．①锂蓄电池－电化学－化学性能－研究 Ⅳ．① TM912

中国国家版本馆 CIP 数据核字（2023）第 008909 号

正极载体材料及表面修饰对锂硫电池电化学性能的影响

ZHENGJI ZAITI CAILIAO JI BIAOMIAN XIUSHI DUI LILIU DIANCHI DIANHUAXUE XINGNENG DE YINGXIANG

潘　虹　唐鑫垚　著

责任编辑　李　卉
出版发行　黑龙江大学出版社
地　　址　哈尔滨市南岗区学府三道街 36 号
印　　刷　三河市金兆印刷装订有限公司
开　　本　720 毫米 ×1000 毫米　1/16
印　　张　12
字　　数　202 千
版　　次　2024 年 7 月第 1 版
印　　次　2025 年 3 月第 2 次印刷
书　　号　ISBN 978-7-5686-0917-3
定　　价　47.00 元

前　言

锂硫电池作为未来最有可能替代传统锂离子电池的新型储能体系之一,具有比容量高、能量密度高、成本低廉等优点。锂硫电池目前仍不能实现商业化生产的主要原因在于以下几点:第一,正极活性物质是单质硫,硫的导电性极差,严重阻碍电子传递而导致活性物质利用率较低;第二,放电过程中硫的逐步还原反应会产生一系列中间产物——多硫化锂(LiPS),LiPS 极易溶于电解液产生穿梭效应而导致活性物质的损失和容量的快速下降;第三,锂硫电池放电终产物 Li_2S 密度小,放电后电极体积产生 80% 左右的膨胀,因此容易造成电极结构破坏;第四,正极存在的穿梭效应会引起负极、隔膜、电解液等其他组成部分产生新的问题。本书针对锂硫电池正极存在的问题,通过构造具有不同结构和组成的正极载体并进行进一步的表面修饰,实现对正极载体的改性以提高锂硫电池的电化学性能。

本书采用介孔 SiO_2 作为锂硫电池正极载体,利用水热法制备了球形、短棒形、长条形和六边形四种形貌的介孔 SiO_2,通过熔融浸渍法将介孔 SiO_2 与硫复合,并在 S/SiO_2 表面修饰还原的氧化石墨烯(RGO)以提供导电网络,最终构造成具有"保护层@吸附体"结构的正极载体。对最终得到的四种形貌的 RGO@S/SiO_2 进行电化学性能测试,结果表明在 $0.1\ C$ 电流密度条件下,四种 RGO@S/SiO_2 分别得到 1625.4 mAh · g^{-1}、1638.1 mAh · g^{-1}、1250.0 mAh · g^{-1} 和 1009.1 mAh · g^{-1} 的初始比容量。经过 200 次充放电循环,比容量分别保持在 1122.1 mAh · g^{-1}、798.9 mAh · g^{-1}、329.1 mAh · g^{-1} 和 603.3 mAh · g^{-1}。

对具有规则孔结构的介孔 SiO_2 进行金属元素修饰,得到 M(Ti、Al、Sn)-SiO_2 载体。分别对 Ti、Al、Sn 修饰的 SiO_2 进行理论计算,得出 Ti-SiO_2 结构具有最低的形成能的结论。将 M-SiO_2 与硫复合,短棒形和长条形 $S/Ti-SiO_2$ 在 $0.2\ C$ 条件下分别得到 1027 mAh · g^{-1} 和 1003 mAh · g^{-1} 的初始放电比容量,经过 1000 次循环，比容量分别保持在 352 mAh·g^{-1} 和 443 mAh·g^{-1}。在 0.2 C 条件下 1000 次循环之后，S/Al - SiO$_2$ 和 S/Sn - SiO$_2$ 的比容量分别保持在 944.2 mAh·g^{-1} 和 352.5 mAh·g^{-1}，表明金属修饰 SiO$_2$ 对锂硫电池电化学性能的提升具有普适作用。

采用手风琴状 Ti$_3$C$_2$ene 作为硫载体，高导电性的 Ti$_3$C$_2$ene 表面官能团对 LiPS 的吸附具有决定性作用。水浴法制备的 S/Ti$_3$C$_2$ene 具有较高的电化学活性，而熔融浸渍法制备的 S/Ti$_3$C$_2$ene 循环性能较好。在 200 ℃、500 ℃ 和 800 ℃ 下快速氧化可得到具有不同氧化物组成的 S/Ti$_3$C$_2$ene。随着氧化温度的升高，钛氧化物从亚化学计量的 Ti$_n$O$_{2n-1}$ 逐渐向具有饱和键的 TiO$_2$ 过渡。500 ℃ 下的产物由于氧化物尺寸、数量和形貌适宜，获得了较好的电化学性能。在 0.2 C 电流密度条件下进行 500 个循环之后得到 845 mAh·g^{-1} 的比容量。对比氧化前后载体对 LiPS 吸附作用的不同，发现了兼具 LiPS 吸附能力和高导电性的 Ti$_x$O$_y$ - Ti$_3$C$_2$ene 异质结构载体的优势，同时发现了载体的界面储锂机理。

进一步以 Ti$_n$O$_{2n-1}$ 和 C$_3$N$_4$ 夹层结构作为硫正极载体，研究其对多硫化物转化动力学提升的机理，夹层结构中硫端与锂端的路易斯酸碱和极性吸附的双向吸附作用，促进了 LiPS 的转化，通过理论计算对上述机理进行验证，结合表征和电化学测试结果，对催化活性和动力学进行讨论。

本书由齐齐哈尔大学潘虹和唐鑫垚编写，其中第 1~3 章及部分辅文由唐鑫垚编写，共计 8.1 万字，第 4~6 章及部分辅文由潘虹编写，共计 12.1 万字。

本书得以出版，还要感谢 2023 年度黑龙江省省属高等学校基本科研业务费科研项目（145309202）的大力支持。此外，向所有被引用文献的作者表示诚挚的谢意。由于笔者水平有限，书中难免存在不足和疏漏之处，恳请广大读者批评指正。

目　录

第1章 绪 论

1.1 研究背景及意义

电化学能源设备作为一种可以将化学能转换为电能的装置,从最初被研发出来就备受关注,并不断改变着人们的工作和生活方式。目前的电化学能源包括电池、燃料电池和电化学电容器。三者的相同点在于都是通过电极与电解液界面产生能量,并且电子和离子分开转移;不同点在于电化学电容器是通过双电层的形成和释放提供电能的,而电池和燃料电池是通过正负极氧化还原反应提供电能的,电池和燃料电池的区别在于电池是一个封闭系统,而燃料电池的活性物质需要由外界给予。

目前电化学能源发展最为广泛、实际应用最多的就是电池系统。从最初的伏打电池到后来的铅酸蓄电池,经过了一系列的发展与改进,现在的锂离子电池已经能够商业化生产,并且广泛应用在各个领域。锂离子电池具有功率密度高、充放电速度快和使用寿命长等优点,但是能量密度低和对环境不友好等问题也制约了锂离子电池的深入应用和发展。

锂硫电池具有能量密度高、比容量高、价格低、环境友好等优点,因此被视为最有潜力的可代替锂离子电池的新一代储能体系。相对于其他电池体系,锂硫电池的主要优势在于:第一,硫的储量丰富且价格低廉、环境友好,若能将其充分利用,对开发下一代清洁能源具有重大意义。第二,以金属锂作为对电极,单质硫可以得到1675 mAh·g^{-1}的比容量,是传统锂离子电池的3~5倍。第三,相对于常见的锂离子电池,锂硫电池是下一代锂离子电池中最有可能以最低的成本获得最大能量密度的电池体系。锂硫电池是以硫作为正极活性物质的锂离子电池体系,由正极、隔膜、负极和集流体等部分组成。其结构和反应过程示意图如图 1-1 所示。

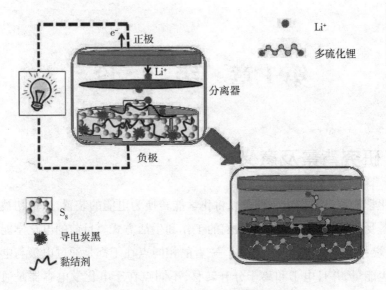

图 1-1　锂硫电池的结构与反应过程

锂硫电池通过硫和锂发生氧化还原反应来实现电子与离子的转移,其总的反应方程式为:$S_8 + 16Li^+ + 16e^- \longleftrightarrow 8Li_2S$,相对于 Li^+/Li 的平均电压是 2.15 V,是现有的锂离子电池电压的 1/2 ~ 2/3。常温下单质硫以 S_8 形式存在,放电时 Li^+ 在电场力作用下穿过隔膜进入正极与单质硫发生反应,单质硫被逐步还原生成 Li_2S_8、Li_2S_6、Li_2S_4、Li_2S_3 和 Li_2S_2 等多硫化锂(本书统一缩写为 LiPS),最终被还原生成 Li_2S,其中的反应过程均是可逆的。典型的放电曲线如图 1-2 所示,放电过程中会产生两个放电平台,第一个平台对应于 S_8 还原成长链 LiPS 的过程,第二个平台对应于长链的 LiPS 还原为固态的 Li_2S_2 或 Li_2S 的反应过程。充电时,Li^+ 会重新回到负极使 LiPS 转变成单质硫。

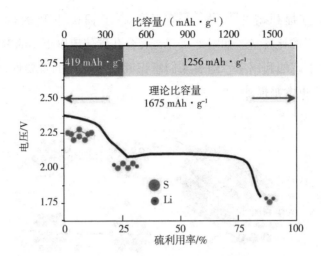

图 1-2　锂硫电池正极放电曲线图

　　虽然锂硫电池具有明显的优点,但是真正实现商业化生产与应用仍然存在许多阻碍。首先,活性物质硫的导电性差(5×10^{-30} S·cm^{-1},25 ℃),阻碍了电子和离子的传导,导致硫不能被完全还原成 Li_2S,更为严重的是 Li_2S_2 和 Li_2S 也是非导体,因此在充电过程中也存在不完全氧化的问题,最终导致电池活性物质利用率低,不能释放出全部的容量。其次,硫在放电过程中会产生长链的 LiPS,这种中间产物易溶解于电解液,造成活性物质的逐渐损失,产生穿梭效应,容量迅速下降。所谓穿梭效应是指 LiPS 在浓度梯度作用力下穿过隔膜进入负极,在负极生成 Li_2S_2 或者 Li_2S 沉积到锂极片表面,阻止 Li^+ 传输,即使固态或者短链的硫化物由于电荷密度减小,在电场力作用下重新穿梭回正极,也会又一次与正极的高浓度硫或者多硫离子发生氧化反应,继续生成长链的多硫离子,又穿梭到负极。另外,由于放电终产物 Li_2S 相对于单质硫密度有所降低,在充放电过程中会产生接近 80% 的体积变化,容易造成电池结构破坏。针对以上问题,研究者们从不同角度改进锂硫电池的性能,主要的改进策略有硫正极改进、隔膜改进、电解液改进等。

　　20 世纪 60 年代,Herbet 等人首次提出单质硫作为正极的概念,但是单质硫的导电性差,并且放电过程中生成的中间产物 LiPS 极易溶解于电解液中,导致电池性能变差,所以锂硫电池并没有得到广泛的关注。直到 2009 年,Nazar 等人利用介孔碳作为固定硫的材料,把硫限制在介孔碳的孔内,同时利用碳材料为电化学反应提供导电网络,才有效提高了锂硫电池的性能,得到约 1200 mAh·g⁻¹ 的比容量。如图 1-3 所示,介孔碳使硫以更小的颗粒参与电化学反应,提高了硫的利用率。随后人们意识到锂硫电池的重要性,电池的比容量和循环寿命也大幅提升。

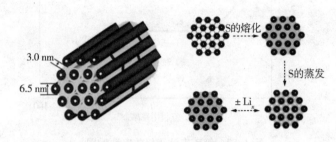

图 1-3 介孔碳与硫复合材料的示意图

1.2 隔膜发展简介

对隔膜进行改性可以有效缓解 LiPS 的迁移并抑制穿梭效应。隔膜位于正负极之间,能够防止正负极接触发生短路。一般来说,电池的隔膜应该具有孔径适宜、热收缩性低、柔韧性良好、润湿性高等特性,以此来保证电池的功率密度、循环寿命和安全性。传统的锂离子电池一般采用聚乙烯(PE)隔膜、聚丙烯(PP)隔膜、三层复合(PP/PE/PP)隔膜等。这些隔膜虽然在锂离子电池上展现出良好的应用价值,但是将其用于锂硫电池却存在许多缺陷。例如,PE 和 PP 是疏水材料,表面能很低,在一定程度上会阻碍电解液的扩散。

锂硫电池体系不仅要求 Li⁺ 能够快速在正负极之间转移,还要求其能够最大限度地阻碍 LiPS 从正极进入负极。研究表明,对聚合物隔膜改性可以在一定程度上抑制穿梭效应。这种改性方法操作简单,只需在原有商业化隔膜的基础上进行简单改性或者在正极与隔膜之间增加一个阻挡层来限制或减缓 LiPS 的溶解。一般采用具有高导电性的碳材料如石墨烯、多孔碳、碳纳米管等提高隔膜的致密度,以阻止 LiPS 穿过正极与锂负极发生反应而产生 Li₂S 沉积或者枝晶现象,同时也提供了额外的导电表面,有利于 LiPS 在该导电表面进一步还原。

另外,采用氧化物如 TiO_2、SiO_2、Al_2O_3、MnO 或者硫化物、金属有机骨架材料等涂层也能有效抑制穿梭效应,延长电池循环寿命,改善倍率性能。金属氧化物与 LiPS 能够产生较强的相互作用,以化学吸附的方式限制 LiPS。全氟磺酸、聚丙烯酸等聚合物也已经成功应用在锂硫电池隔膜的改性研究中,电池的性能也得到了较大提高。

在硫正极和隔膜之间加入多孔结构的涂层也是一种广泛采用的方法。这种多孔结构不仅能够让 Li^+ 自由通过,还能对 LiPS 的扩散起到阻挡作用。一般来说,涂层与正极载体材料起到的作用基本相同,都是增加导电性并抑制 LiPS 溶解和穿梭效应,不同点在于涂层无须复杂的导电网络设计,且不与集流体黏结,而正极载体材料需要兼具高导电性和固硫特性。另外,涂层材料必须尽量采用质量轻及体积小的设计。研究表明,将多孔碳材料直接嵌入正极和隔膜之间,通过调节碳材料的层数可以实现对 LiPS 的有效吸附,并且有明显的性能提升。因此设计自身具有合适孔径和吸附能力的锂硫电池隔膜仍然是研究的主要方向。Hu 等人利用 Al_2O_3 和多孔活性炭对隔膜进行改性,如图 1-4 所示,活性炭外层包裹 Al_2O_3 作为涂层材料,可以大幅提升隔膜的热稳定性,电池正极比容量也比普通隔膜有大幅度提升,说明电池反应中产生的热对于隔膜乃至整个电极结构的影响是不容忽视的,这也是未来对锂硫电池安全性研究的重要方向。

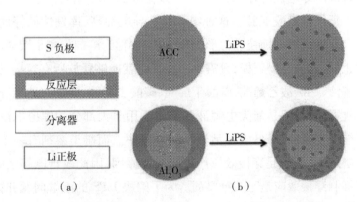

图 1-4　(a)导电介孔碳涂层结构以及(b)纯 ACC 和 Al_2O_3-ACC 吸附 LiPS 前后的效果

1.3 电解液、黏结剂及负极发展简介

除了对隔膜改性方法的探索研究外,人们对锂硫电池的其他组成部分也进行了大量探索,如电解液的改进研究、黏结剂的改进研究以及对负极的相关研究等。

1.3.1 电解液的研究现状

锂硫电池活性材料易溶于电解液是产生穿梭效应的根本原因,因此对电解液的研究是十分必要的。如果能够在电解液的研究方面取得突破性的进展,锂硫电池的关键性问题就得到了解决。

一般来说,锂硫电池的电解液与传统锂离子电池的电解液相似,都是由溶剂加电解质组成的。电解液应该选择蒸气压低、热稳定性好、电解质可溶、电化学窗口和液程较宽的熔融离子液体。锂硫电池的电解液一般采用的是醚类电解液溶剂。目前应用最为广泛的电解液溶剂有 1,3 - 二氧戊环(DOL)、乙二醇二甲醚(DME)等醚类溶剂。之所以不能采用水作为溶剂,是因为锂对水特别敏感,常温下就可以与水发生剧烈反应。目前锂硫电池最常用的溶剂是 DOL 和 DEM 按照 1∶1 的体积比混合得到的。其中 DOL 能够降低电解液黏度,并且含量越高电解液的导电性越好,缺点是会导致更多的 LiPS 溶解。电解质通常使用的锂盐是三氟甲基磺酰亚胺。这种组合具有导电性高、挥发性低等优点,而且可以在一定程度上抑制锂枝晶的形成和生长,被称为溶剂化离子液体。对于某些特殊的正极,如硫化物正极,只需要一步反应就能够释放所有容量,也可以采用酯类电解液,如碳酸乙烯酯、碳酸丁烯酯、碳酸二甲酯、碳酸二乙酯、碳酸甲乙酯、碳酸甲丙酯等。但是酯类电解液并不能适用于大部分的锂硫电池,会导致其容量不能完全释放,降低电池活性材料利用率。而醚类溶剂有一个缺陷,那就是能够溶解 LiPS,这是穿梭效应产生的根本原因,因此改善电解液的组成和成分对于抑制穿梭效应是至关重要的。为了解决 LiPS 的溶解问题并抑制穿梭效应,Liu 等人开发了一种溶剂——盐电解液,这种电解液相比于传统电解液的不同之处在于其盐浓度特别高。这种高浓度的盐主导带电粒子的运输过程,大大提高了锂离子电池的安全性能,并可以减少 LiPS 的溶解,抑制或杜绝穿梭效

应。经过测试,得到的库仑效率接近100%。虽然这种方法在一定程度上减少了 LiPS 的溶解,减少了活性物质的流失,但是过高的电解液浓度势必会产生较大的电阻,通常电解液需要具备高导电性,才能使得整个电池正负极之间发生离子的扩散传输和电化学反应。通常电解液的黏度直接影响电解液的电导率,其中电解液的黏度是指溶剂和溶质的黏度,它们共同决定了电解液的黏度。电解液的电导率可以按照公式(1-1)和(1-2)计算:

$$k = \frac{\sum_i \{ (Z_i)^2 F C_i \}}{6\pi\eta\,\gamma_i} \tag{1-1}$$

$$C_2 = \frac{3.5}{D_P} \cdot \frac{(1-\psi)}{\psi^3} \tag{1-2}$$

式中, Z_i ——参加传输的 i 离子的电荷数;

C_i ——参加传输的 i 离子的物质的量;

F ——法拉第常数;

η ——电解液黏度;

γ_i ——离子的溶剂化半径;

ψ ——电化学势;

D_p ——扩散系数。

可见,采用提高电解液浓度的方式来减少 LiPS 的溶解,势必会降低电解液的电导率,从而降低锂硫电池的反应速率。

固态锂硫电池是一种更为安全、可适应的环境条件更广泛的电池体系,但是由于固态电池阻抗较高,其发展与工业化生产受限。锂硫电池的主要缺点之一就是单质硫具有绝缘性,如果固态电解质的导电性不能满足要求,锂硫电池的性能将完全无法实现。另外,锂硫电池的正极存在液相反应过程,固态电解质很难满足与其相匹配的相容性要求。固态电解质分为聚合物电解质和无机电解质,其中聚合物电解质又分为固体聚合物电解质(SPE)和凝胶聚合物电解质(GPE)。两者都是聚合物与锂盐的复合,区别在于 GPE 中含有增塑剂。聚合物的离子传递靠解配 - 配位机制,即通过链的局部运动和配位位置变换,实现由链到链端的传递。目前 SPE 的电导率只有 $10^{-8} \sim 10^{-4}$ S·cm^{-1},大多数不满足常温的电解质要求。GPE 利用增塑剂内一定的有机电解液来传导 Li$^+$,以此提高电导率。

1.3.2　黏结剂及负极的研究现状

黏结剂在锂硫电池中也起到重要的作用。因为它不仅能将活性物质固定在集流体上,还能将活性物质与导电剂相互连接。在黏结剂没有覆盖到的局部区域,活性物质很容易脱落,电池的容量就会迅速下降。因此,需要选择一种具有极性且可吸附 LiPS 的黏结剂替代传统的黏结剂。Yoon 等人利用一种阳离子半透膜 Nafion 包裹的金属化合物与硫复合物作为正极材料(图 1-5),这种半透膜可以让 Li⁺ 自由通过,相比其他黏结剂可提高电池的反应速率。利用其配合锂粉末制备的电池获得了较好的电化学性能。

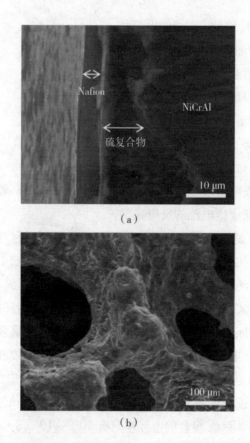

（a）

（b）

图 1-5　（a）Nafion 包裹的 NiCrAl/S 正极和（b）经过 1000 次循环的正极的 SEM 图

目前人们对负极的研究不多,一是由于正极的问题比较突出,二是由于富锂正极在锂硫电池中的应用还不够完善,因此对于非锂金属负极的应用非常有限。与锂离子电池类似,如果锂硫电池的正极是富锂材料,那么负极就可以采用更为安全和易得的硅基、碳基、锡基等材料。Tian 等人将金属锂片粉末化,并以碳颗粒作为导电剂,以聚偏二氟乙烯作为黏结剂,在手套箱内合成了负极材料。通过对锂粉末化来补偿容量不可逆的缺陷,得到了 1300 mAh · g^{-1} 的首次比容量,其性能相比于片状金属锂作为负极的电池有大幅度的提升。

锂硫电池的负极也可以用其他材料替代。例如,以 Si/C 微孔材料作为负极(图 1-6),并采用室温离子液体作为电解液,最终得到的锂硫电池完全摆脱了锂枝晶以及有机电解液带来的安全问题,获得了 900 mAh · g^{-1} 的比容量,循环 100 次后比容量仍保持在 150 mAh · g^{-1}。

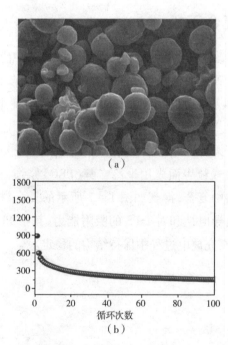

图 1-6 (a)锂化后的 Si/C 负极的 SEM 图和(b)Si/C 负极的循环性能

1.4 锂硫电池正极发展简介

对锂硫电池正极的改进是解决锂硫电池问题的一种有效途径,也是当下锂硫电池的研究热点。对锂硫电池正极的改进一般从改善正极导电性、限制 LiPS 溶解和缓解体积膨胀等方面考虑。改进的方法大多是利用导电材料与硫或者硫化物复合,其中导电材料既可以提供导电通路,也可以对硫产生物理限域作用,起到防止 LiPS 溶解和抑制穿梭效应的作用。按照目前导电材料与硫的复合方式可以分为包裹型(即载体材料包裹在硫颗粒外)和附着型(即硫负载在载体材料表面),通过硫或者 LiPS 与载体材料之间发生化学相互作用来固定 LiPS,达到减少活性物质流失和抑制穿梭效应的目的。一般载体与硫可以通过熔融浸渍或者原位化学结合两种方式复合。

1.4.1 硫/碳复合正极

人们提出了许多改进方法改善硫正极的导电性,其中研究最为广泛的就是利用石墨烯、多孔碳、碳纳米管、碳纤维、中空碳等碳材料改善硫正极的导电性。碳材料不仅可以提供更高的导电性,还可以在一定程度上对 LiPS 产生限制作用。

石墨烯由于具有柔性且导电性较高,成为锂硫电池正极中常用的载体材料之一。崔毅等人将硫颗粒表面先用聚乙二醇(PEG)修饰,再与导电炭黑/氧化石墨烯混合物在水浴中复合,得到如图 1 - 7 所示的复合材料。这种导电剂包裹硫颗粒的结构兼具导电性和对 LiPS 的吸附能力,其中 PEG 充当缓解体积膨胀的链结构层,可以在充放电过程中保持结构的稳定。

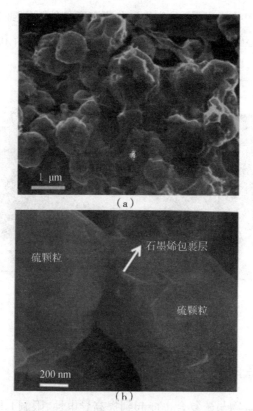

图 1 - 7 石墨烯包裹硫颗粒的(a)SEM 图和(b)高倍率的 SEM 图

　　将硫熔融浸渍与多孔碳材料复合可以得到较高的初始比容量,相比于单纯的包裹,多孔结构可以细化硫颗粒,获得更大的电解液接触面积,也可以通过考虑体积膨胀得到最优渗硫质量。Wan 等人利用微孔结构使硫直接转换成终产物 Li_2S,用 0.3 nm 的微孔碳负载硫,在小孔径限制下,大分子 S_8 不能稳定存在,因此只有分子直径更小的 $S_2 \sim S_4$ 才能沉积到孔内。因此在放电过程中不会形成长链的 LiPS,而是直接形成直径更小的多硫化物。该材料首次放电比容量达到 1000 mAh · g^{-1} 左右,同时获得了优异的倍率性能,在大电流密度条件下也能够得到 800 mAh · g^{-1} 的比容量。

　　空心结构在锂硫电池正极上的应用也很多。Lynden 等人将硫浸渍到直径约为 200 nm 的空心碳球内,其结构如图 1 - 8 所示。结果表明,硫含量为 70% 的空心碳/硫复合物在 0.5 C 的电流密度条件下进行 100 次充放电后,得到

974 mAh·g^{-1}的初始比容量,在3.0 C 电流密度条件下得到400 mAh·g^{-1}左右的比容量。此空心碳球表面有许多直径约为3 nm 的孔,有利于硫浸渍,并且电解液也能够通过这些小孔与活性物质接触。

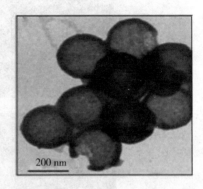

图 1-8　空心碳/硫复合物的 TEM 图

1.4.2　硫/导电聚合物复合正极

利用导电聚合物与硫复合也能起到提高导电性、限制 LiPS 溶解的作用。相比碳材料,导电聚合物不但形貌可控性好,而且极性的聚合物分子与 LiPS 拥有更好的润湿性,这种润湿性有利于对 LiPS 的吸附。将硫/碳混合物用聚苯胺原位包裹用作锂硫电池正极,经过 100 次充放电循环得到了 600 mAh·g^{-1}的比容量。采用聚丙烯腈与碳的混合物作为硫载体,得到的正极材料在 0.5 C 电流密度条件下进行 100 个充放电循环可以得到 866 mAh·g^{-1}的比容量。崔毅等人利用聚合物自身的极性将同样具有极性的硫化锂与之复合,在 0.2 C 电流密度条件下得到 785 mAh·g^{-1}的比容量,循环次数也提高到 400 次。但聚合物明显的缺点就在于聚合物也易溶解于电解液,使材料结构稳定性变差。虽然总体上硫/导电聚合物复合改性的方法在电化学性能的提高方面仍有局限,但在高安全性、无黏结剂等特定需求的电池体系中仍具有十分重要的借鉴意义。

1.4.3　硫/功能化碳复合正极

目前,锂硫电池正极改性研究的重点在于增加载体与 LiPS 之间的化学相互作用,而不是载体对硫简单的物理限域。考虑到极性载体材料对吸附 LiPS 的作用,以功能化碳材料作为硫载体的研究日益增多,对碳材料表面进行功能化处理、官能团连接、元素掺杂等被广泛研究。有人利用聚乙烯亚胺功能化的碳纳米管吸附 LiPS,并通过密度泛函理论证明了 LiPS 和官能团之间存在化学相互作用,得到了较高的比容量。除此之外,在碳材料中掺杂原子也是一种提高 LiPS 吸附能力的有效途径。Wang 等人以 N 掺杂的介孔碳材料作为硫载体,经过掺杂的介孔碳/硫复合电极可提供高达 $3.3\ mAh \cdot cm^{-2}$ 的面积比容量,100 次循环后的电容保持率依然达到 95% 左右。理论计算和表征测试结果表明,N 掺杂可以促进 LiPS 和碳表面的氧之间形成 S—O,达到吸附 LiPS 的目的。

总体来说,功能化碳材料改性的硫正极比纯聚合物和碳材料在电化学稳定性与固硫性能上都有明显的优势,但这种类型的载体可吸附的 LiPS 的数量一般较少,因为通过功能化处理获得的极性吸附活性位点数量有限,并不适用于载硫量较大的情况。

1.4.4　硫/金属化合物复合正极

采用金属化合物作为硫载体材料,氧化物自身的金属元素与 LiPS 之间会发生路易斯酸碱相互作用,因此可以利用这种 S—M 作用达到限制 LiPS 的目的,其中 M 代表氧化物中的金属元素,如将金属氧化物、氮化物和金属化合物等作为硫载体,都得到了较好的固硫性能,这些金属化合物能够有效吸附 LiPS,抑制穿梭效应。Kim 等人采用模板法制备了阵列碳纳米管,并将硫成功浸渍到碳纳米管孔道内,最后用 Pt 封住端口。该材料具有优异的电化学性能,电流密度达到 $40\ C$ 时仍能得到 $453\ mAh \cdot g^{-1}$ 的比容量,而且在 $2\ C$ 电流密度条件下进行 1000 次充放电循环仍能得到 $800\ mAh \cdot g^{-1}$ 的比容量。但是贵金属 Pt 的加入势必提高制备成本,而且 Pt 在地球上储量有限,相比之下,用 Co 代替 Pt 可以降低成本。Liu 等人将锌钴双金属沸石还原热解得到 N 掺杂的含 Co 纳米碳材料,这种材料具有层次孔结构,以其为硫载体,复合 80% 左右的硫作为正极材料在 $1\ C$ 的电流密度条件下能得到 $570\ mAh \cdot g^{-1}$ 的比容量。但是,这种方法对原料和制备过程的要求较高,实现商业化生产仍具有一定阻碍。

有人采用一种蛋黄–壳结构的 S/TiO$_2$ 正极材料制备了超长循环寿命和良好电容保持率的电池,其合成示意图如图 1–9 所示。TiO$_2$ 的形貌容易控制,可得到较大的比表面积,且能够提高材料的导电性,另外这种蛋黄–壳结构对体积膨胀也具有明显的缓冲作用。

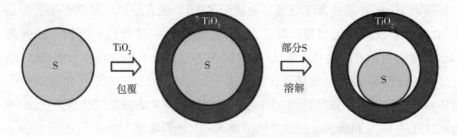

图 1–9　蛋黄–壳结构的 S/TiO$_2$ 的合成示意图

金属与 LiPS 之间的相互作用除了 S—M 的形式外,还有一种相互作用形式,即利用高价金属或者金属表面的含氧官能团的氧化性,将长链的 LiPS 转变为硫代硫酸盐,硫代硫酸盐会不断将长链的 LiPS 转变成固态的 Li$_2$S 或者 Li$_2$S$_2$。这种形式能够有效固定固态的硫,并且缩短长链 LiPS 在电解液中存在的时间,从而抑制穿梭效应。如图 1–10 所示,MnO$_2$ 中的 Mn^{4+} 具有很强的氧化性,放电过程中产生的 LiPS 与 Mn^{4+} 反应,可被氧化成硫代硫酸盐,从而连接到 MnO$_2$ 的表面,硫代硫酸根不断地将长链的 LiPS 转变成短链的硫化锂和连硫酸根,以保证可溶的 LiPS 不会脱离导电骨架,活性物质损失被抑制,电化学性能明显提升。在这种机理作用下,MnO$_2$/S 复合电极的循环寿命延长,经过 2000 次充放电循环,比电容量为 245 mAh·g^{-1}。

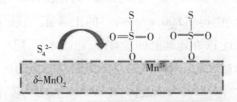

图 1–10　MnO$_2$ 和 LiPS 的反应机理图

也有文献证明氧化石墨烯表面的含氧官能团对 LiPS 也具有类似的作用。Nazar 等人认为,可以选择反应电势在 $2.4 \sim 3.5$ V 之间的过渡金属氧化物如 Co_3O_4、Ti_4O_7 等。崔毅等人也从吸附与扩散平衡的角度探讨了非导电金属氧化物的选择原则。他们认为,氧化物与 LiPS 的相互作用不是越强越好,氧化物载体的选择也应该满足一定的条件,即选择能够达到 LiPS 的吸附与扩散平衡的载体材料。如图 1 – 11 所示,当吸附作用过强而扩散不良时,表面的 LiPS 会不断堆积,导致后续的吸附越来越困难;但是当吸附作用很弱时,又无法满足载体的基本固硫需求。

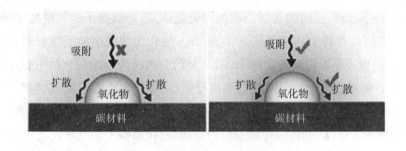

图 1 – 11   吸附与扩散平衡对限制 LiPS 的影响机制

综上所述,大多数以金属化合物作为硫载体的研究都在一定程度上提高了正极的电化学性能,但目前仍然存在制备方法复杂、形貌可控性差、活性表面利用率低等问题。

1.4.5   硫化物正极

直接以 Li_2S 作为锂硫电池正极材料的报道也有很多。虽然 Li_2S 的比容量比单质硫稍低,但是其作为正极活性物质具有很多优势。第一,可以缓解锂硫电池正极存在的体积膨胀的问题。在首次充电后会产生体积收缩,避免由 S 转变为 Li_2S 带来的体积膨胀和结构破坏。第二,富锂正极可以与更多负极相匹配,有利于更多类型的负极材料的开发,并减少采用金属锂负极带来的锂枝晶现象。第三,Li_2S 自身具备极性,可以与极性载体结合得更紧密。另外,Li_2S 具有较高的熔点,相比单质硫具有更好的高温稳定性,在与载体材料复合时,可适应更多的制备条件。虽然 Li_2S 具有以上优点,但是 Li_2S 尺寸较大并且易产生 H_2S 等是其作为正极最大的阻碍。

另外,一些金属硫化物如 NbS_2、WS_2、TiS_2、MoS_2、CoS_2 等作为载体材料,也表现出十分优异的电化学性能。Qian 等人将 ZIF – 67 材料炭化后与硫进行热处理,得到 S/CoS_2 浸渍的 N 掺杂碳用作硫载体,成功提高了锂硫电池的循环性能。还有研究者将 Li_2S 表面原位包覆 Ti_2S 层作为锂硫电池正极材料,通过改变 Ti 源的加入量以得到最优的 Ti_2S 层厚度,令电池表现出最佳的电化学性能。由于 Ti_2S 兼具多硫化物吸附能力和高导电性,经过 400 次的充放电循环,该正极仍能得到 77% 的电容保持率。目前关于硫化物正极材料的研究难点在于提高硫化物的导电性、调控硫化物形貌和结构、简化制备工艺以及控制成本等。

本书的研究内容是设计并制备兼具物理限域和化学吸附双重固硫作用的载体材料,对硫进行改性以及表面修饰,研究其在锂硫电池中的电化学性能并分析其反应机理。

第 2 章　研究思路方法与材料体系

2.1　研究思路与材料体系

2.1.1　研究思路

介孔碳是锂硫电池最常用的正极载体材料,在制备介孔碳载体时常以介孔氧化硅为模板剂进行复刻,但是采用纯碳载体材料往往无法避免正极活性物质产生的穿梭效应和与 LiPS 的润湿性问题。为了克服纯碳载体在极性和吸附性上的不足,本书考虑以强吸附力的介孔 SiO_2 直接作为硫载体,在制备过程中介孔 SiO_2 表面会生成大量羟基,可以获得更好的 LiPS 润湿性。考虑到介孔 SiO_2 的导电性较差,本书在其表面修饰了还原氧化石墨烯(RGO)材料。这种方式不仅能提高正极材料的导电性,还能获得来自 RGO 的双重限域作用。最终构造出具有"保护层@吸附体"结构的正极材料,以此达到改善锂硫电池循环稳定性的目的。

为了进一步改进载体材料自身的导电性并提高正极材料的倍率性能,本书选取金属 Ti、Al 和 Sn 元素对介孔 SiO_2 进行修饰,提高载体本质导电性,同时增加极性的 Ti—O 数量来提高载体对 LiPS 的吸附能力。通过优化结构来获得具有最好匹配性的金属元素修饰的介孔 SiO_2 载体,用以改善锂硫电池倍率性能和反应活性。

进一步增加极性的 Ti—O 数量以提高载体材料对 LiPS 的吸附能力,利用二维 Ti_3C_2 MXene 材料自身的特点,通过氧化法得到兼具稳定极性吸附位点以及高导电性的 Ti_xO_y – MXene 材料。

基于 Ti_xO_y – MXene 对 LiPS 的路易斯酸碱作用,额外添加二维 g – C_3N_4,与

Ti_xO_y – MXene 形成夹层结构的 Ti_xO_y – Ti_3C_2/C_3N_4,期望通过路易斯酸碱和极性吸附的双重作用,促进 LiPS 的还原动力学。

2.1.2　材料体系的选择

本书选取比表面积大、制备工艺简单的介孔 SiO_2 为主要材料体系,对其进行形貌控制和结构设计,达到对硫正极改性的目的。这种材料具有毒性低、成本低、形貌易控等优点。SiO_2 具有酸氧化物属性和亲水表面,有利于对 LiPS 的吸附,还可以缓解 Li_2S 的体积膨胀。选择 Ti 元素修饰 SiO_2 是由于 Ti 与 Si 的配位性质相近,也容易形成四配位的构型。计算结果表明,Ti 存在于嫁接位置的构型是最稳定的,因此可以忽略匹配度的限制。选择 Sn 和 Al 修饰 SiO_2 是因为这两种金属元素在电池正极反应电化学窗口内较稳定。选择 Ti_3C_2 MXene 作为基础载体材料是由于其自身的特点,可以通过氧化 Ti_3C_2 MXene 得到更多极性的 Ti—O。选择 g – C_3N_4 作为二维载体是为了研究双向吸附对 LiPS 分子链断裂的促进作用。

本书涉及的主要化学试剂列于表 2 – 1 和表 2 – 2 中。

表 2 – 1　材料制备所需主要试剂

试剂名称	纯度
正硅酸乙酯	分析纯
十六烷基三甲基溴化铵	分析纯
聚环氧乙烷 – 聚环氧丙烷 – 聚环氧乙烷	分析纯
盐酸	分析纯
氨水	28%
去离子水	分析纯
碳粉	分析纯
铝粉	分析纯
钛粉	分析纯
氢氟酸	40%

续表

试剂名称	纯度
钛酸异丙酯	分析纯
无水乙醇	分析纯
升华硫	98%
硫代硫酸钠	分析纯
硫脲	分析纯
钼酸铵	分析纯
尿素	分析纯

表 2-2   电池组装所需主要试剂

试剂名称	纯度
硝酸锂	分析纯
1,3-二氧戊环	电池级
乙二醇二甲醚	电池级
N-甲基吡咯烷酮	电池级
聚偏氟乙烯黏结剂	电池级
导电炭黑	电池级
金属锂	电池级

本书涉及的主要设备和仪器列于表 2-3 和表 2-4 中。

表 2-3   材料制备所需主要仪器

仪器	型号
气氛压力烧结炉	SJL200/300-10.2000
管式炉	KTF1700X
真空干燥箱	DZ-1BC Ⅱ
离心机	H1850
超声波清洗机	BG-01
水浴锅	DF-101S

续表

仪器	型号
磁力搅拌器	85 – 2
恒温箱	GNP – 9050
电子分析天平	BT125D

表 2 – 4　电池组装所需主要设备

仪器	型号
标准手套箱	SG 1200/750TS
小型流延自动烘干涂膜机	MSK – AFA – Ⅲ
冲片机	6820
小型气动纽扣电池封装机	MSK – PN110 – S
电池测试系统	ZX50/CT20001A
电化学工作站	CHI650E

2.2　材料的制备与表征

本小节对实验的整体流程进行概括介绍,便于读者理解本书整体工作和研究内容,每一种研究方法会在相应章节详细叙述。正极材料的制备流程及研究过程如图 2 – 1 所示。首先通过工艺优化和结构设计得到初级的载体材料,然后通过熔融浸渍法及化学法与硫复合,经过进一步的修饰得到改进的正极材料,最后将该正极材料组装成电池,测试其电化学性能,并对电化学反应的影响因素和反应机理进行研究。

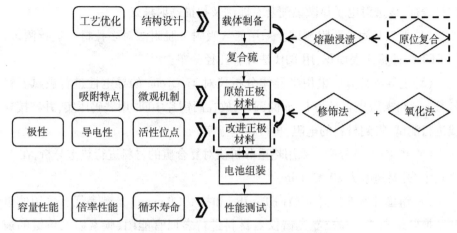

图 2 - 1 正极材料制备流程及研究过程

2.2.1 正极材料的制备

本书将所制备的介孔 SiO_2、二维 Ti_3C_2 MXene(Ti_3C_2ene)作为载体材料,通过化学法或者熔融浸渍法将硫与载体材料复合。将得到的正极载体材料进行表征和分析,得到最优的结构设计。进一步对载体材料进行改进,制备 Ti 修饰的 SiO_2 和 Ti_xO_y 原位生长的 Ti_3C_2ene 载体材料,经过结构表征和性能测试,对其提高电化学性能的机理进行分析研究。

2.2.2 材料的表征方法

实验所制备的载体材料和复合硫的正极材料需要进行结构的表征优化分析,才能得到最合理的结构设计方案和最优性能。

(1)X 射线衍射(XRD)分析。采用 X 射线衍射仪对材料的物相进行表征,扫描范围为 5° ~ 90°,对于介孔材料的孔径表征扫描范围为 0.5° ~ 10°,扫描速度为 4°/min。

(2)扫描电子显微镜(SEM)分析。采用扫描电子显微镜对材料的形貌进行表征,该扫描电子显微镜配套有能谱点、线、面扫描,一般采用 15 ~ 20 V 高速电压。

(3)透射电子显微镜(TEM)分析。采用透射电子显微镜对材料的微观结构进行表征,该透射电子显微镜配套有能谱及扫描透射模式。

(4)氮气吸附－脱附测试。采用氮气吸附－脱附法对多孔材料进行测试,用 BET 法计算比表面积,用 BJH 法计算孔径分布。

(5)电导率计算。采用半导体分析仪对 Ti_3C_2ene 的导电性进行测试。将 Ti_3C_2ene 粉末压成直径为 1 cm 的圆片,放在两铜片中间,用砝码压实,并连接导线进行测试,得到材料的电阻,再计算电导率。

(6)热重(TG)分析。采用热重分析仪对复合硫的材料进行热重分析,在 Ar 气氛中,升温速率为 10 ℃/min。

(7)傅里叶变换红外光谱(FT－IR)和拉曼(Raman)光谱表征。采用傅里叶变换红外光谱仪和拉曼光谱仪对材料进行表面官能团、碳素以及价键的表征。拉曼光谱仪的激发波长为 532 nm。

(8)X 射线光电子能谱(XPS)分析。采用 X 射线光电子能谱仪对材料的化学组成及元素化学键状态进行表征和分析,并用拟合软件对各元素的峰进行拟合,得到有关材料吸附特点、极性特点和化学动力学的相关信息。

(9)紫外可见吸收光谱(UV－vis)表征。采用紫外分光光度计对材料在紫外波长范围内的吸收光谱进行测量,可以得到材料的内部元素结合状态及分布情况。

2.3　电池的组装及电化学分析方法

2.3.1　电池组装方法

本书所涉及的电化学测试都是在型号为 2032 的纽扣电池上进行的。将双三氟甲烷磺酰亚胺锂(LiTFSI)溶解在体积比为 1∶1 的 DME 和 DOL 溶剂中,得到 1.0 mol/L 的电解液,并且添加 0.1 mol/L 的 $LiNO_3$ 作为添加剂。隔膜采用微孔聚丙烯膜,组装步骤如下。

第一步:混料。将得到的正极载体材料与导电炭黑、黏结剂(PVDF)按照一定比例混合,其中 PVDF 需要用 N－甲基吡咯烷酮溶剂溶解,将这些混合物调成黏稠的糊状浆料。

第二步:涂布。将混合好的浆料在匀浆机内搅拌 6 h,转移到涂膜机上的刮刀槽内进行涂膜。在涂膜机的刮刀下面平铺一层表面清洁的铝箔纸,将刮刀调节至需要的高度(本书所制备的材料涂膜厚度为 150 μm,用以增加单位面积活性物质的质量,使其更接近实际应用的高能量密度需求)进行涂膜,得到整张极片。将极片在 50 ℃烘干 48 h。

第三步:冲压极片和组装。将烘干的极片在冲压机下冲压成直径为 12 mm 的圆形极片,在 Ar 气氛保护的手套箱内组装电池。组装顺序为正极极壳、制备好的正极极片、18 μL 电解液、两层隔膜、18 μL 电解液、直径为 12 mm 的 Li 片、平垫片、弹簧垫片、负极极壳。组装完成后,将其置于手套箱内部的封口机上封口,就得到了完整的纽扣电池。

2.3.2　电化学分析方法

(1)循环伏安(CV)测试。通过对电池进行循环伏安测试,得到电池在正极反应电压范围内的循环伏安曲线图。通过分析循环伏安曲线可以得到电极材料的氧化还原信息,以及电化学反应的热力学与动力学信息。

(2)循环充放电测试。循环充放电测试在电池测试通道上完成,本书采用恒流循环充放电,电流以倍率电流表示。循环充放电测试是电池性能最基本也是最重要的测试方法,因为通过循环充放电能够得到电池比容量 – 电位、比容量 – 循环次数、能量 – 循环次数等关系的信息。

(3)电化学阻抗谱(EIS)测试。阻抗请测试是一个比较复杂的测试手段,一般通过电化学工作站完成。输入一个交流电压信号,可以获得一个小的阻抗信息。在电化学阻抗谱的奈奎斯特曲线中,横坐标是实部,纵坐标是虚部。当电路中只有类似电容的器件时,阻抗谱是一条与虚部垂直且起点为 0 的直线;当电路中有电阻和电容的串联电路时,阻抗谱是一条起点为电阻值的直线;当电路中有氧化还原反应时,法拉第阻抗就会表现出来,此时的阻抗谱不再是直线,而是高频时动力控制区域的半圆加上低频时质量控制的斜率为 1 的直线。

本书所有的电化学性能测试都是在用以上方法组装的纽扣电池上进行的,测试温度为 20 ~ 30 ℃,这是因为测试温度对锂硫电池的性能有一定的影响,测试温度较低时,离子扩散速度慢,反应速率慢,而测试温度较高(40 ~ 45 ℃)时,温度会破坏电池内部的化学平衡,导致副反应增多,材料性能退化,寿命缩短。

第3章 还原氧化石墨烯修饰介孔 SiO₂ 正极载体对锂硫电池电化学性能的影响

3.1 引言

　　介孔 SiO_2 具有以下优势:第一,制备工艺相对简单;第二,介孔 SiO_2 在制备过程中表面原位生长大量羟基基团,能够为硫以及 LiPS 的沉积提供良好的润湿性表面;第三,介孔 SiO_2 作为一种常用的分子筛吸附剂,可以通过毛细管作用吸附 LiPS,防止活性物质流失。基于以上考虑,本章直接利用介孔 SiO_2 作为硫载体材料。本章还采用还原氧化石墨烯(RGO)对硫复合的 SiO_2(S/SiO_2)进行修饰,构建一种"保护层@吸附体"结构的材料。RGO 在其中可以起到提高复合材料的导电性和增加物理限域层的作用,RGO 表面的含氧官能团还对 LiPS 具有一定的化学作用力,能起到二次吸附的作用,其原理如图 3-1 所示。

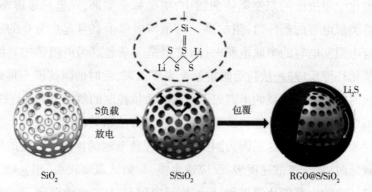

图 3-1　保护层@吸附体结构吸附 LiPS 原理图

3.2　介孔 SiO₂ 的制备与表征

本节通过实验制备了两种类型的介孔 SiO_2，一种是无序介孔 SiO_2，一种是有序介孔 SiO_2，其中有序介孔 SiO_2 按照实验条件不同分别合成了六边形、短棒形、长条形和球形几种形貌。参考文献中的方法，采用十六烷基三甲基溴化铵（CTAB）和PEO – PPO – PEO（P123）作为模板剂，分别在碱性和酸性溶液中合成介孔 SiO_2，经过改进优化可以得到具有不同形貌和结构的介孔 SiO_2。

3.2.1　无序介孔 SiO₂ 载体的合成

首先制备了球形介孔 SiO_2，采用 CTAB 作为模板剂，正硅酸乙酯（TEOS）作为无机硅源。将 13.20 g 氨水加入 50 mL 去离子水和 75 mL 无水乙醇的混合液中，在水浴锅内加热至 38 ℃，边搅拌边加入 0.56 g CTAB，自然降温至室温后再加入 5.00 g TEOS，在 250 r·min⁻¹ 转速下继续搅拌 1 h，沉淀后静置 24 h，倒掉上清液，剩余粉末用乙醇和去离子水反复清洗至中性，90 ℃ 干燥一晚，得到含有 CTAB 长链的硅质球形材料。图 3 – 2 为 SiO_2 纳米球的水浴合成示意图。在反应过程中，带电荷的可溶性硅物种与链状模板剂胶束 CTAB 表面的同性离子发生离子交换，从而吸附在胶束表面。硅物种不断聚集成壁，大量相同壁厚的胶束小球又聚集成大球，形成了含有 CTAB 的硅基球。将此硅基球在 550 ℃ 空气气氛中煅烧 5 h，得到去除 CTAB 的 SiO_2 介孔球。

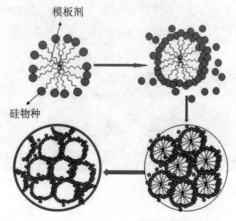

图 3 – 2　SiO_2 纳米球的水浴合成示意图

不同制备阶段得到的介孔 SiO_2 的 SEM 图如图 3-3 所示。图 3-3(a)和图 3-3(b)为含有 CTAB 的介孔 SiO_2 的 SEM 图,球形颗粒平均尺寸为 600 nm。经 550 ℃煅烧,颗粒表面变得光滑,如图 3-3(c)和图 3-3(d)所示,基本形貌未发生明显改变,说明 SiO_2 热稳定性较好。从图 3-3(e)的放大图片中可以看到,球形颗粒表面有很多明显的孔。从图 3-3(f)中可以明显看到球形颗粒表面均匀分布的小孔(由于颗粒尺寸超过 TEM 检测的极限,因此在 TEM 图中不能看到明显的孔),同时能够观察到,孔结构的排列没有一定的规律,说明得到的介孔 SiO_2 是无定形孔的球形材料。另外在右上角插入的经 FFT 转换得到的图片中,观察到了明显的小孔结构,孔径尺寸为 3~5 nm。

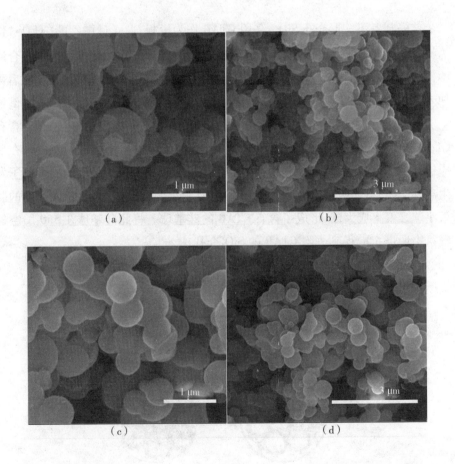

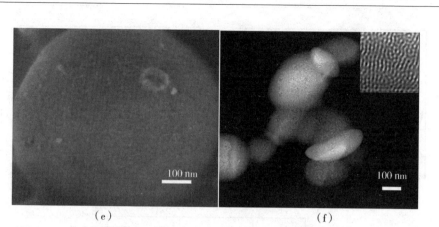

（e）　　　　　　　　　　　　　　　　（f）

图 3 - 3　（a）、（b）含 CTAB 的介孔 SiO₂ 的 SEM 图；（c）、（d）煅烧后介孔 SiO₂ 的 SEM 图；
（e）单颗粒 SiO₂ 的 SEM 图；（f）介孔 SiO₂ 的 STEM 图，插图为经 FFT 转换的图

对所制备的介孔 SiO₂ 进行 XRD 表征，结果如图 3 - 4（a）所示，由于存在大量的介孔结构，XRD 曲线中未观测到 SiO₂ 的特征峰，只观测到一个位于 25° 的宽峰，说明所制备的球形介孔 SiO₂ 具有无定形特性，这与 STEM 结果吻合。另外，锂硫电池载体材料的润湿性十分关键。为了验证介孔 SiO₂ 是否存在官能团，笔者对其进行了 FT - IR 测试，结果如图 3 - 4（b）所示。在 1231 cm⁻¹ 处的峰对应于 Si—OH，而且峰的强度相对较高，说明在 SiO₂ 表面存在大量羟基。羟基的存在有利于增加 SiO₂ 载体与硫以及 LiPS 之间的润湿性。另外，通过熔融浸渍与硫复合，可以将硫更均匀地分散在孔内，因此会增大硫和电解液的接触面积，提高反应效率。利用 EDS 进一步对球形颗粒的元素组成进行表征。从图 3 - 4（c）中可以得到 Si、O、C 元素的信号，其中 C 来源于制备 SEM 检测样品使用的导电胶，而靠右侧较高的峰则来源于样品表面喷涂的 Au 颗粒。

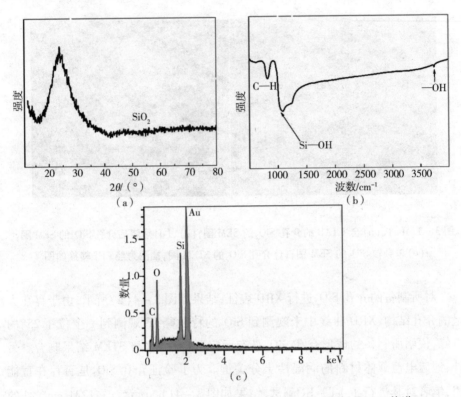

图 3 - 4　球形介孔 SiO_2 的(a)XRD 谱图、(b)FT - IR 图和(d)EDS 能谱

采用氮气吸附 - 脱附法对介孔 SiO_2 的孔结构进行表征,结果显示介孔 SiO_2 的比表面积达到 1179. 80 $m^2 \cdot g^{-1}$,这种大比表面积有利于在电化学反应中获得更高的反应活性,使硫颗粒更容易接触电解液,使反应进行得更充分。测得的孔容积约为 0. 75 $cm^3 \cdot g^{-1}$,通过孔容积值可按照公式(3 - 1)计算出最佳复合硫质量:

$$m_S = \frac{m_{载体} \times V_m \times \rho_{Li_2S}}{M_{Li_2S}} \times M_S \qquad (3 - 1)$$

式中, m_S ——最佳复合硫质量(g);

$\qquad m_{载体}$ ——多孔载体的质量(g);

$\qquad V_m$ ——多孔材料的孔容积($cm^3 \cdot g^{-1}$);

$\qquad \rho_{Li_2S}$ —— Li_2S 的密度($g \cdot cm^{-3}$);

$\qquad M_S$ 、 M_{Li_2S} ——S、 Li_2S 的摩尔质量($g \cdot mol^{-1}$)。

图 3 - 5(a) 为介孔 SiO_2 的孔径分布图,从图中可以看出孔径多分布在 3 nm 左右。有文献表明,硫的介孔载体最佳的孔径应该在 3 nm 左右,因为这个尺寸与 LiPS 的尺寸相匹配。图 3 - 5(b) 是介孔 SiO_2 的氮气吸附 - 脱附等温曲线,可以看出介孔 SiO_2 呈典型的 Ⅳ 型曲线,说明该材料属于介孔材料。另外,从曲线中可以观察到明显的脱附滞后现象,且 p/p_0 在 0.5 左右,说明介孔尺寸较小。

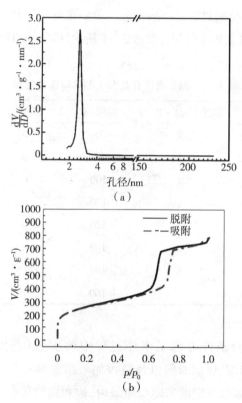

图 3 - 5　介孔 SiO_2 的(a)孔径分布和(b)氮气吸附 - 脱附等温曲线

3.2.2　有序介孔 SiO_2 载体的合成

采用三嵌段共聚物 P123 作为模板剂,在酸性条件下制备有序介孔 SiO_2 载体材料。其中 P123 是由 PEO_{20} - PPO_{70} - PEO_{20} 组成的长链活性剂,相比于 CTAB,该活性剂两端都是亲水端,而中间一段疏水基团尺寸较大,因此得到的介孔较大,通过调整反应温度、pH 值等可以对颗粒形貌及孔尺寸进行微调。

具体制备方法如下:将 1.0 g P123 溶于一定浓度的 HCl 溶液中,在 38 ℃下搅拌均匀(一般需要搅拌 0.5 h 以上才能将 P123 充分溶解)。将 2.1 g TEOS 分三次以 20 min 为时间间隔逐滴缓慢加入上述溶液中,滴加结束后继续搅拌 10 min。然后将所得的混合溶液转移至聚四氟乙烯内胆中,再将内胆放入不锈钢高压釜内,整体置于保温箱内在不同温度下保温数小时。自然冷却至室温后,将所得溶液及沉淀物过滤、洗涤、干燥。最后在空气中 550 ℃煅烧 5 h 即得到有序介孔 SiO_2。具体实验条件设计如表 3 − 1 所示(P123 和 TEOS 的质量固定)。

表 3 − 1   制备有序介孔 SiO_2 的具体实验条件

样品编号	水/mL	HCl/(mol · L^{-1})	温度/℃	TBM/g	水热时间/h
1	60	1	38	0	24
2	30	1	80	0	24
3	30	1	100	0	24
4	30	1	100	0	48
5	30	1	120	0	12
6	30	1	100	0	24
7	30	2	100	1.5	24
8	30	2	100	3.0	24

表 3 − 1 的实验条件考虑了水热过程中的压强(与温度有关)、pH 值(HCl 浓度)、反应温度、保温时间以及是否加入膨胀剂几个因素对孔结构和颗粒形貌的影响。在体积一定的密闭反应釜内,饱和蒸气压会对反应物产生一个反向压力,水的体积越大,压强就越大。温度与压强的关系按式(3 − 2)计算:

$$\ln(p_2/p_1) = \frac{\Delta_{vap}H_m}{R}\left(\frac{1}{T_1} - \frac{1}{T_2}\right) \tag{3 − 2}$$

式中,$\Delta_{vap}H_m$——水的摩尔蒸发焓,当 $p_1 = 101.325$ kPa,$T_1 = 373$ K 时,$\Delta_{vap}H_m = 40.7$ kJ · mol^{-1};

R——摩尔气体常数,$R = 8.314$ J · mol^{-1} · K^{-1}。

因此反应釜内温度越高压强越大。图 3 − 6 为不同反应条件下得到的介孔

SiO₂的 SEM 图,大致呈现六边形、短棒形、长条形和球形几种形貌。图
3-6(a)~(h)分别对应样品编号1~8,图 3-6(a)中38 ℃条件下的水热反应
相比于开放系统增加了压力,此条件下没有得到具有完整形貌的颗粒。当温度
升高到 80 ℃时,开始形成具有固定形貌的短棒形颗粒,如图 3-6(b)所示。当
温度达到 100 ℃时,短棒形颗粒表面更加光滑且形貌更加清晰,说明短棒形的
颗粒可以在 100 ℃保持稳定,如图 3-6(c)所示。在 100 ℃下保温的时间从 24
h 延长至 48 h,颗粒发生了长径比的变化,由短棒形变成长条形,如图 3-6(d)
所示。同时发现当温度增加到 120 ℃、保温时间缩短至 12 h 时,颗粒也可以转
变成为长条形,如图 3-6(e)所示。将 HCl 溶液的浓度升高到 2 mol·L⁻¹,生成
的颗粒为长径比接近于 1 的六边形形貌,说明反应的 pH 值越小,颗粒越容易各
向生长速度相同地长成均匀颗粒,如图 3-6(f)所示。在此条件下加入结构膨
胀剂 TBM(3,3′,5,5′-四甲基联苯胺),所生成的颗粒形貌无定形,接近于球
形,推测是因为膨胀剂与 P123 无法匹配导致生成无定形孔。

(a)

(b)

(c)

(d)

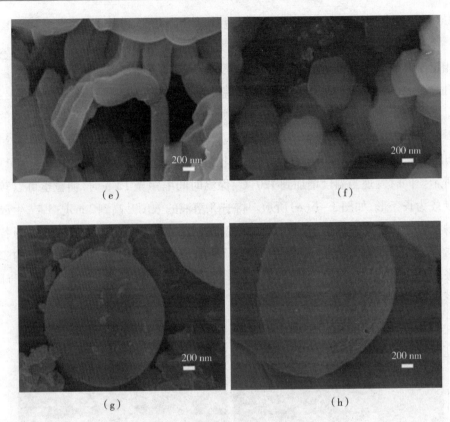

图 3 – 6　不同条件下制备的有序介孔 SiO_2 的 SEM 图

(a) ~ (h) 对应于表 3 – 1 样品编号 1 ~ 8

选择 3 号、4 号、6 号和 7 号样品作为短棒形、长条形、六边形和球形四种形貌代表进行表征测试。图 3 – 7 为四种形貌的介孔 SiO_2 的 SEM 图及相应的 EDS 图,结果表明,四种不同形貌的材料都含有 Si、O 等元素。

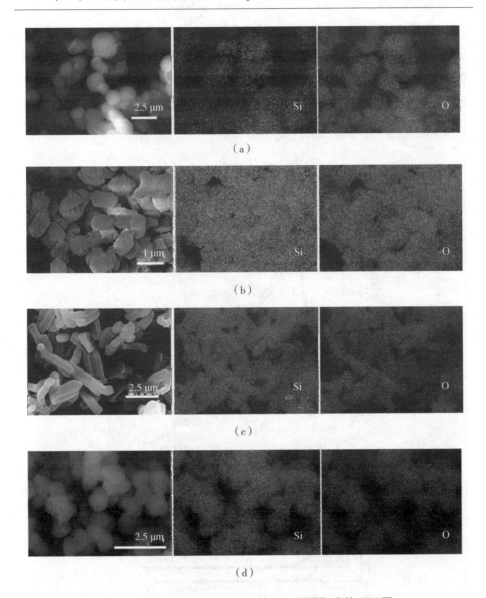

图 3 – 7　四种形貌的介孔 SiO₂ 的 SEM 图及相应的 EDS 图
(a)球形;(b)短棒形;(c)长条形;(d)六边形

　　对以上几种形貌的介孔 SiO₂ 进行氮气吸附 – 脱附测试,图 3 – 8(a)为四种样品的孔径分布曲线。由图可知,球形、长条形、短棒形、六边形的介孔 SiO₂ 的孔径尺寸分别为 3.5 nm、5.5 nm、5.6 nm、7.5 nm。为了对孔的排列方式进行表征,笔者采用小角度 XRD 对四种形貌的介孔 SiO₂进行测试。图 3-8(b)为四种形貌样品的 XRD 曲线,孔排列越整齐,曲线上对应的峰就越多。从图中可以看出,球形介孔 SiO₂的衍射峰最少,说明这种形貌的介孔规则度低;而短棒形和长条形的衍射峰几乎一致,说明这两种形貌的介孔规则度很好;六边形介孔 SiO₂的衍射峰发生宽化,说明六边形介孔 SiO₂的孔结构与其他三种有所不同。

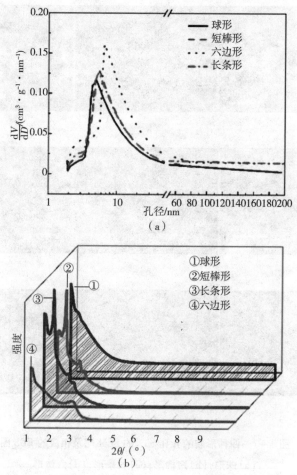

图 3-8　四种形貌介孔 SiO₂的(a)孔径分布曲线和(b)小角度 XRD 曲线

从图 3-9 氮气吸附-脱附等温曲线的类型看,四种材料的孔都属于介孔范围,其中球形介孔 SiO₂的孔相对较小,说明 TBM 没有起到增大孔径的作用,推测是 P123 与 TBM 匹配性较差导致的。四种类型的介孔 SiO₂（球形、短棒形、长条形、六边形）的比表面积分别为 1175. 6 m² · g⁻¹、704. 8 m² · g⁻¹、875.4 m² · g⁻¹ 和 576.7 m² · g⁻¹。在曲线中回滞环重叠处对应的压强越高说明介孔尺寸越大，图中六边形对应的压强高于其他几种介孔 SiO₂，说明六边形介孔 SiO₂ 具有更大的孔径。

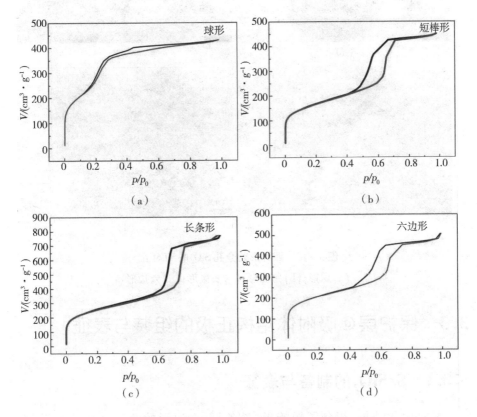

图 3 - 9　四种形貌的介孔 SiO₂ 的氮气吸附 - 脱附等温曲线
(a)球形；(b)短棒形；(c)长条形；(d)六边形

　　笔者对四种形貌的介孔 SiO₂ 进行了 TEM 测试，如图 3 - 10 所示。从图中可以看出，球形介孔 SiO₂ 呈无序孔结构，在其他三种形貌的样品中都观察到了有序孔结构，其中六边形介孔 SiO₂ 的孔相比其他两种形貌更加明显，且通孔更多，符合 BET 和 XRD 的表征结果。

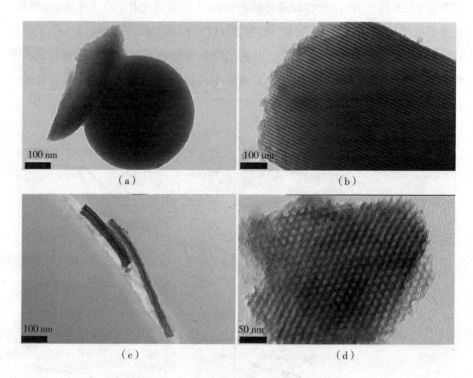

图 3 - 10　四种形貌介孔 SiO₂ 的 TEM 图

$$\text{图 3 - 10　四种形貌介孔 SiO}_2\text{的 TEM 图}$$

（a）球形；（b）短棒形；（c）长条形；（d）六边形

3.3　保护层@吸附体结构正极的组装与表征

3.3.1　S/SiO₂的制备与表征

根据优化结果,得到了短棒形、长条形、六边形的有序介孔 SiO₂ 以及以 CTAB 为模板剂制备的球形无序介孔 SiO₂。首先采用熔融浸渍法制备 S/SiO₂ 复合材料。硫在 158 ℃时黏性最低,会由固态转变成液态,利用 SiO₂ 良好的润湿性和介孔结构的毛细管作用,将硫浸渍到孔内部,随着温度降低,孔内的液态硫凝固成固态,从而与载体均匀复合。具体方法为:将一定质量的硫和介孔 SiO₂ 在研钵中研磨 30 min 以上,再转移至密闭容器中,在 Ar 气氛中 158 ℃保温 10 h,自然降温后就得到了 S/SiO₂ 复合材料。硫含量用热重方法来测量,利用硫在高温下可以升华的特点,将复合物在 Ar 气氛中以10 ℃·min⁻¹的升温速率加热,温度范围为 25~800 ℃,结果如图 3-11(a)所示。四种复合材料(球形、长条形、短棒形、六边形)中最优硫含量分别为 21%、60%、61% 和 76%。对球形 S/SiO₂ 进行了 TEM 测试,结果如图 3-11(b)所示,表面没有明显的硫颗粒。由沿着球形直径方向进行的 DES 线扫描可以看出,硫的信号强度随球厚度的变化呈抛物线状,进一步说明硫在孔内均匀沉积,这与硫和 SiO₂ 的良好润湿性密切相关。

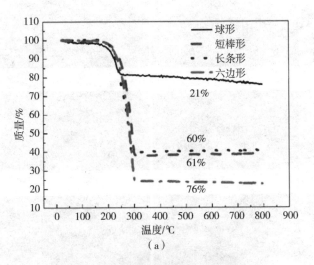

(a)

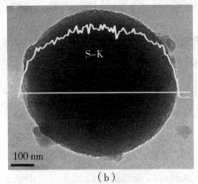

(b)

图 3-11　(a)四种 S/SiO₂ 材料中硫含量的 TG 测试结果和(b)球形 S/SiO₂ 的 TEM 图及相应的 DES 线扫描曲线

复合硫后复合材料的 SEM 图及相应的 EDS 图如图 3 – 12 所示。复合硫后的 SiO_2 表面并没有发生明显的变化,在 EDS 图中可以看出强度均匀的硫分布在 SiO_2 中,说明大部分硫成功浸渍到 SiO_2 的孔内,表面没有硫颗粒团聚。长条形介孔 S/SiO_2 在与硫浸渍过程中大多聚集在一起形成了更长的条形复合物,推测是由于硫在高温时形成液相,使长径比大的长条形介孔 SiO_2 在液相中随着 Ar 气流吹扫的方向进行黏结。

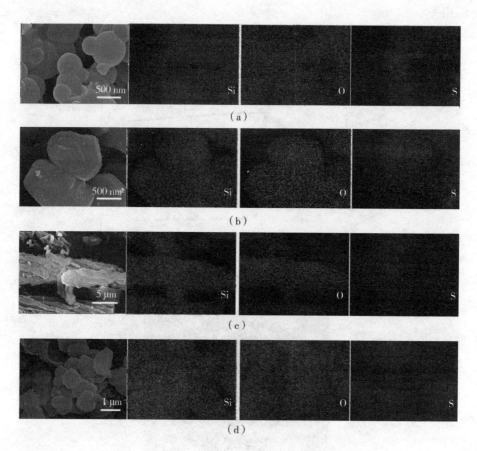

图 3 – 12　四种 S/SiO_2 的 SEM 图及相应的 EDS 图
(a)球形;(b)短棒形;(c)长条形;(d)六边形

3.3.2　RGO@S/SiO_2 的制备与表征

为了提高导电性并进一步增加对 LiPS 的限制作用,笔者对 S/SiO_2 表面修饰了氧化石墨烯(GO)层,并经过水热反应降低 GO 中的氧含量,最终得到 RGO 修饰的 S/SiO_2 材料(RGO@S/SiO_2)。由于 RGO 表面仍保留部分含氧官能团,因此可以利用 O—S 相互作用对 LiPS 进行化学吸附,使 LiPS 只能在这种"保护层@吸附体"内部流动,从而抑制活性物质的流失和穿梭效应的发生。另外,这些保留的官能团也是保证 RGO 与 SiO_2 通过偶联剂产生连接的重要因素。

首先利用改良的 Hummers 法制备 GO,具体的制备流程如图 3 – 13 所示。将所制备的 GO 配制成 1 mg·mL^{-1} 的悬浮液,并超声分散 1 h。取 50 mL GO 向其中加入 50 mg 导电炭黑,搅拌 2 h 后再加入 0.1 g S/SiO_2 颗粒,其中 S/SiO_2 颗粒预先滴加了 1000 倍稀释的硅烷偶联剂(KH – 550)来加强 GO 与 SiO_2 间的连接。将混合液继续在室温下搅拌 12 h,然后将得到的 GO@S/SiO_2 混合液转移至反应釜,在 100 ℃下水热反应 2 h 后冷却至室温并进行抽滤,将得到的粉末在 50 ℃下干燥即得到 RGO@S/SiO_2 复合材料。

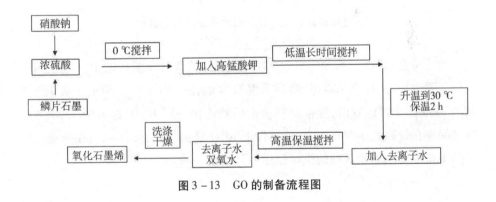

图 3 – 13　GO 的制备流程图

图 3 – 14 为四种形貌的 RGO@S/SiO_2 的 SEM 图,从图中可以看出 S/SiO_2 颗粒之间由 RGO 片层相连,RGO 片层上的小颗粒为导电炭黑。由 RGO 组成的导电网络有利于电子和 Li^+ 在复合材料内部迁移,由此降低了电极材料的阻抗并提高了正极的反应速率。

（a）   （b）

（c）   （d）

图 3 - 14   四种形貌的 RGO@ S/SiO₂ 的 SEM 图
（a）球形;（b）短棒形;（c）六边形;（d）长条形

　　为了考察 RGO 与 S/SiO₂ 的连接是否紧密,笔者对所制备的 RGO@ S/SiO₂
进行了强力搅拌、超声和离心,然后采用 TEM 表征,如图 3 - 15 所示。从球形样
品的 TEM 图中可以看出,复合材料表面仍然连接一层 RGO,这说明 RGO 与载
体之间存在较强的相互作用力,能够保证 RGO 紧密包覆材料(一般在电池运行
过程中很少受到如此强烈的机械作用力)。

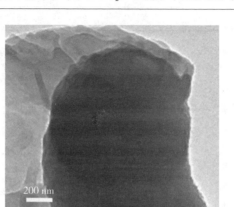

图 3 – 15　球形 RGO@ S/SiO$_2$的 TEM 图

3.4　RGO@ S/SiO$_2$ 的电化学性能研究

本节对 RGO@ S/SiO$_2$的电化学性能进行表征,并对其吸附 LiPS 的机制进行分析,研究形貌对电化学性能的影响。

3.4.1　RGO@ S/SiO$_2$ 的电化学性能表征

分别将四种形貌的 RGO@ S/SiO$_2$组装成纽扣电池,并进行电化学性能测试,每组数据都是经过至少三个电池成功测试后得出的结论。首先对四组电池进行了循环充放电测试,图 3 – 16 为四种形貌的电池的首次充放电曲线。从图中可以看出,曲线呈现两个放电平台,放电平台所对应的电压稍有差别,这是正极载体中硫含量不同导致的。两个放电平台分别对应于 S$_8$向长链 LiPS 转变的电位,以及有长链的 LiPS 继续被还原成固态 Li$_2$S$_2$和Li$_2$S的反应电位。

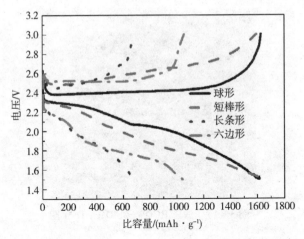

图 3 – 16　不同形貌的 RGO@ S/SiO₂在 0.1 *C* 条件下的充放电曲线

　　球形、短棒形、长条形和六边形正极载体分别得到 1625 mAh · g⁻¹、1600 mAh · g⁻¹、650 mAh · g⁻¹ 和 1000 mAh · g⁻¹ 的初始比容量,其中球形和短棒形正极载体初始比容量较高,而长条形和六边形正极载体初始比容量较低。因为硫导电性差,硫过多会造成界面阻抗增加,使内部的活性物质不能被全部利用。根据前面的热重分析,球形正极载体的硫含量最少,所以初始比容量较高,短棒形和长条形正极载体的虽然硫含量接近,却得到了差异较大的初始比容量,这是由于长条形正极载体在渗硫过程中发生团聚现象,造成导电物质不能与之充分混合。

　　对四种不同形貌的正极载体进行了 CV 测试,由于电解液中含有 LiNO₃ 添加剂,所以循环窗口选择在 1.8 ~ 3.0 V,电压扫描速率为 10 mV · s⁻¹。图 3 – 17(a) ~ (d)分别为球形、短棒形、长条形、六边形正极载体的 CV 曲线。图中还原峰的峰位都在 1.9 V 和 2.3 V 左右,与放电平台相对应。氧化峰的峰位大约在 2.4 V,对应于放电终产物 Li₂S 一步氧化到单质硫的过程,因为去锂化过程无须经历多硫化物的形成步骤。球形正极载体的反应峰都是宽化的峰,而其他三种正极载体都表现出尖锐的反应峰,这是因为在有序孔内硫含量较高,而且球形正极载体孔径稍大,反应活性稍高。同时发现第 2 次循环的峰位相对于首次循环稍向两端移动,这是因为首次循环存在一个活化过程,而且随着循环的进行,电解液中会溶解少量的 LiPS,使极化增加。第 3 次循环之后的曲线几乎与第 2 次重合,说明反应渐渐趋于稳定且可逆性较好。而球形正极载体的循环从开始就具有很好的重合度,说明球形正极载体的可逆性相较于其他三种更高。

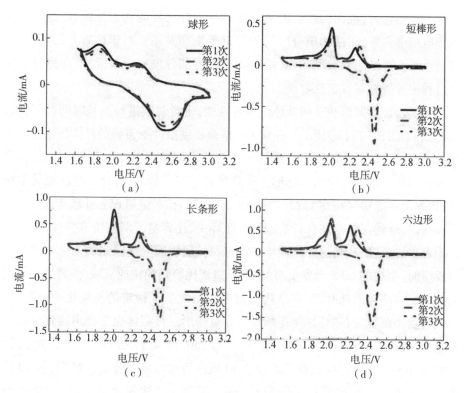

图 3 - 17　不同形貌的 RGO@S/SiO₂ 的 CV 曲线

(a)球形;(b)短棒形;(c)长条形(d)六边形

为了测试不同形貌的正极材料载体的反应动力学速率,笔者对其进行了倍率测试,结果如图 3 - 18(a)所示。在电流密度增大的过程中,有更多的 Li⁺ 同时与硫发生氧化还原反应,因此采用这种方式可以考察正极材料的导电性和反应速率。测试结果表明,当电流密度从 0.1 C 逐渐增大到 0.2 C、0.5 C、1.0 C 时,电池比容量发生连续的变化。对应的球形正极载体的平均比容量分别为 1600 mAh·g⁻¹、1400 mAh·g⁻¹、1260 mAh·g⁻¹、1160 mAh·g⁻¹;短棒形正极载体的平均比容量分别为 1380 mAh·g⁻¹、1225 mAh·g⁻¹、1129 mAh·g⁻¹、1036 mAh·g⁻¹;六边形正极载体的平均比容量分别为 984 mAh·g⁻¹、

$824~\mathrm{mAh \cdot g^{-1}}$、$728~\mathrm{mAh \cdot g^{-1}}$、$636~\mathrm{mAh \cdot g^{-1}}$；长条形正极载体的平均比容量分别为 $724~\mathrm{mAh \cdot g^{-1}}$、$563~\mathrm{mAh \cdot g^{-1}}$、$468~\mathrm{mAh \cdot g^{-1}}$、$376~\mathrm{mAh \cdot g^{-1}}$。当电流密度重新降到 $0.1~C$ 时，四种正极载体的比容量又重新恢复到初始的比容量，并且有增长的趋势，说明四种正极载体都具有十分优异的动力学特性，这与电池的导电网络良好、活性物质分散均匀等有着密切关系。对于比容量的增长，推测是由于在开始的数次循环内，活性物质仍有部分没有参与反应，在逐渐活化的过程中才逐渐释放出比容量。

为了验证不同形貌正极载体的循环性能，笔者对其进行了长时间循环充放电测试，如图 3-18(b)所示。在 $0.1~C$ 电流密度条件下得到的具体数据列于表 3-2 至表 3-5 中。四种正极载体的库仑效率都接近 100%，说明它们的循环可逆性和稳定性十分突出。球形正极载体的比容量最大，经过 200 次充放电循环，比容量还能够保持在 $1122.1~\mathrm{mAh \cdot g^{-1}}$，同时比容量呈现上升趋势。从图中可以看出，球形正极载体在开始的数次循环中，比容量下降较快，这是由于外表面附着少许硫颗粒，当这些硫颗粒在没有保护层@吸附体限制的条件下参与还原反应时，生成的 LiPS 会发生溶解，因此造成比容量的快速衰减，但是当外表面的硫颗粒全部被消耗时，留在结构内部的硫就发生了稳定的氧化还原反应，因此比容量逐渐稳定，循环性能逐渐提高。短棒形正极载体也表现出接近理论比容量的高比容量（$1638.1~\mathrm{mAh \cdot g^{-1}}$），50 次循环后的比容量降低到 $1085.1~\mathrm{mAh \cdot g^{-1}}$，降幅比较大。但是 50 次以后比容量下降明显减缓，从 50 次到 200 次平均每次比容量下降约 0.1%。经过 200 次循环，比容量仍能达到 $798.9~\mathrm{mAh \cdot g^{-1}}$，说明短棒形正极载体也具有较好的循环性能。六边形正极载体相比于前两者比容量下降较为明显，经过 200 次循环比容量保持在 $603.3~\mathrm{mAh \cdot g^{-1}}$。长条形正极载体则表现出最低的比容量，说明在循环过程中出现了严重的活性物质损失。这与正极载体的结构有着紧密联系，长条形正极载体中的 RGO 不能完整覆盖 SiO_2 颗粒，导致 LiPS 的溶解和穿梭效应的产生。

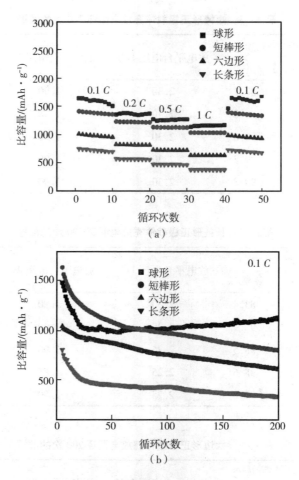

图 3 – 18 不同形貌的 RGO@ S/SiO₂ 的电化学性能

（a）倍率性能；（b）循环性能

表 3 – 2 球形正极载体充放电循环 200 次的数据

循环次数	比容量/(mAh·g⁻¹)	库仑效率/%	放电平台电压 1/V	放电平台电压 2/V	容量保持率/%
1	1625.4	89.4	2.30	1.90	—
50	992.1	97.6	2.30	1.90	61.0
100	1009.3	98.3	2.30	1.90	62.1
150	1054.2	98.9	2.20	1.80	64.8
200	1122.1	98.2	2.20	1.90	69.0

表 3-3 短棒形正极载体充放电循环 200 次的数据

循环次数	比容量/(mAh·g^{-1})	库仑效率/%	放电平台电压 1/V	放电平台电压 2/V	容量保持率/%
1	1638.1	87.2	2.30	1.90	—
50	1085.1	99.8	2.30	1.90	66.2
100	972.5	99.8	2.30	1.90	59.3
150	880.2	99.8	2.30	1.90	53.7
200	798.9	99.8	2.30	1.90	48.7

表 3-4 长条形正极载体充放电循环 200 次的数据

循环次数	比容量/(mAh·g^{-1})	库仑效率/%	放电平台电压 1/V	放电平台电压 2/V	容量保持率/%
1	1009.1	83.4	2.30	1.90	—
50	450.8	98.9	2.25	1.90	44.5
100	428.2	98.5	2.25	1.90	42.4
150	365.3	98.6	2.25	1.85	36.2
200	329.1	97.8	2.25	1.90	32.6

表 3-5 六边形正极载体充放电循环 200 次的数据

循环次数	比容量/(mAh·g^{-1})	库仑效率/%	放电平台电压 1/V	放电平台电压 2/V	容量保持率/%
1	1250.0	89.9	2.3	1.90	—
50	870.1	99.7	2.35	1.95	69.6
100	749.2	99.7	2.35	1.95	59.9
150	679.2	99.8	2.30	1.95	41.5
200	603.3	99.6	2.30	1.90	36.9

继续验证 RGO@S/SiO$_2$ 在不同电流密度条件下长时间循环的电化学性能。笔者对球形正极载体进行了长时间循环的充放电测试,结果如图 3-19 所示。在 0.1 C、0.5 C、1.0 C、2.0 C 的电流密度条件下,电池仍然保持了优异的循环

性能和电容保持率,经过 400 次循环分别保持了约 1172　mAh · g^{-1}、604 mAh · g^{-1}、490 mAh · g^{-1}、392 mAh · g^{-1} 的比容量,说明本书设计的材料结构在大电流密度条件下仍然可以提供良好的反应活性。同时发现,RGO@S/SiO₂ 在大电流密度条件下的稳定性反而优于小电流密度条件下的情况,这是由于大电流密度条件下充放电循环所用的时间比小电流密度条件下短,LiPS 在保护层@吸附体的反应腔体内的溶解少。

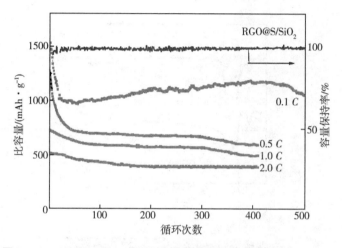

图 3 - 19　RGO@S/SiO₂ 在不同电流密度条件下的循环充放电测试

3.4.2　RGO@S/SiO₂ 的电化学性能影响因素分析

正极材料性能主要包括充放电比容量、循环性能和倍率性能。这三种性能受以下因素影响:(1)载体的导电性和硫的分散程度;(2)穿梭效应;(3)导电性。

(1)润湿性和导电性对电化学性能的影响

有文献证明,SiO₂ 对液态硫具有较小的润湿角(58°),说明 SiO₂ 载体与硫本质上具有良好的润湿性。另外,介孔 SiO₂ 制备过程中原位生成的大量羟基基团对载体与活性物质的润湿具有促进作用。图 3 - 20(a)是介孔 SiO₂ 浸渍硫前后的 FT - IR 图。原本的 Si—OH 峰被 Si—S 和 O—Si—S 替代,说明—OH 和硫具有相互作用。因此—OH 在液态硫浸渍过程中以及 LiPS 沉积过程中可以充当形核点和吸附点,使活性物质更均匀地分散在 SiO_2 孔内。因此实验所制备的 $RGO@S/SiO_2$ 大都具有较高的初始比容量。SEM 和 TEM 结果表明,长条形正极载体发生了团聚现象,说明长条形正极载体中硫颗粒在外表面黏结,产生了不均匀分散,这是由于制备长条形介孔 SiO_2 需要的温度更高,导致 SiO_2 内的—OH 减少,从而造成硫颗粒分散不良,这也是长条形正极载体初始比容量较低的原因。

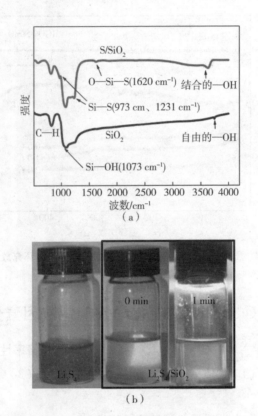

图 3-20　(a)介孔 SiO_2 浸渍硫前后的 FT-IR 图以及(b)含 Li_2S_4 的电解液加入介孔 SiO_2 前后状态的变化

(2)LiPS 吸附能力对电化学性能的影响

分别采用球形介孔 SiO_2 和 Li_2S_4 作为载体来验证介孔 SiO_2 与 LiPS 之间的相互作用力。将升华硫和硫化锂按照 3∶1 的物质的量比加入电解液中搅拌 24 h

以上,就得到了溶解于电解液中的 Li_2S_4。然后将 1.5 倍质量的球形介孔 SiO_2 加入以上混合溶液中,得到如图 3-20(b) 所示的图片。加入 SiO_2 之后,溶液瞬间从棕色变成半透明状,经过轻轻摇晃,溶液的颜色立刻变成透明。通过这个小瓶吸附实验,可以更直观地看出介孔 SiO_2 对 LiPS 的吸附作用。这种快速的吸附作用主要来源于介孔 SiO_2 内部孔结构带来的强毛细管作用,同时也得益于 SiO_2 与 LiPS 之间的良好润湿作用。为了对化学相互作用力进行评估,对沉淀干燥后的 Li_2S_4/SiO_2 的混合物进行 XPS 测试,如图 3-21 所示。

从 XPS 的全谱中可以看出,复合物由 Si、S、C、O 元素组成。由图 3-21(b) 中的 S 2p 分峰结果可以看出,Li_2S_4 中对应于端位 S^{-1} 和桥位 S^0 的两个峰分别位于 163.9 eV 和 166.6 eV 处,相比纯 Li_2S_4,Li_2S_4/SiO_2 中这两个峰位置均向高能量处移动(根据文献报道,Li_2S_4 中的端位 S^{-1} 和桥位 S^0 的峰位分别位于 163.6 eV 和 161.1 eV 处),说明在 S 附近的电子由原来电荷中心偏移至高能量处。同时与 Li_2S_4 接触后的 Si 2p 和 O 1s 峰位置也发生了轻微移动,说明 Li_2S_4/SiO_2 内存在 Si—S,另外通过对 Si 2p 的拟合也能证明存在 Si—S(102.9 eV),如图 3-21(c) 和图 3-21(d) 所示。以上结果表明,介孔 SiO_2 本质上对 LiPS 具有弱化学吸附能力,这种弱化学吸附能力是由 SiO_2 的弱酸性氧化物的本质属性决定的。另外,介孔 SiO_2 在水溶液的合成过程中,会结合大量羟基基团,使水溶液呈极微弱的酸性,而 LiPS 属于路易斯碱,在这种机制的作用下,会发生类似路易斯酸碱反应,因此介孔 SiO_2 与 LiPS 之间会产生弱化学相互作用。

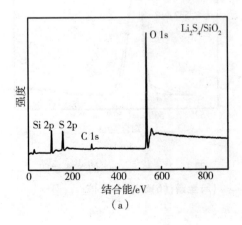

（a）

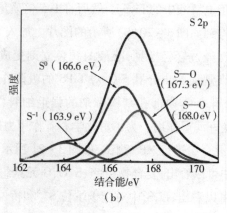

（b）

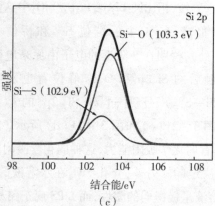

（c）

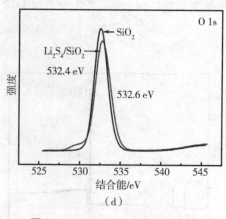

（d）

图 3 – 21　Li_2S_4/SiO_2 的 XPS 谱图

（a）全谱；（b）S 2p；（c）Si 2p；（d）O 1s

为了对保护层@ 吸附体这一结构设计的合理性进行更加明确的解释,本书分别对纯 RGO 包覆硫(RGO@S)、无导电层的 S/SiO₂与 RGO@S/SiO₂正极载体的性能进行对比。在 0.1 C 电流密度条件下得到的性能测试曲线如图 3 – 22(a)所示。随着循环次数的增加,RGO@S 的比容量迅速下降。图 3 – 22(b)为 RGO@S 的 SEM 图,由于没有保护层@ 吸附体结构,RGO 只呈现平铺的大片层,随着循环过程中与电解液的相互作用逐渐散开,因此对硫和 LiPS 的限制作用迅速减弱。而没有 RGO 修饰的 S/SiO₂由于导电性不能保证,几乎没有显示出比容量。实验结果证明了保护层@ 吸附体设计的合理性。本书制备的球形和短棒形 RGO@S/SiO₂都保持了良好的保护层@ 吸附体结构。

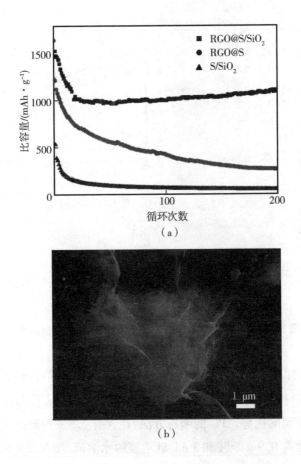

图 3 – 22　(a)不同正极载体的循环性能对比及(b)RGO@S 的 SEM 图

（3）载体材料导电性对反应动力学特性的影响

为了消除硫的氧化还原反应以及负极表面生成的沉积层对法拉第响应的影响，本书采用不含硫的 RGO@SiO$_2$组装对称电池进行 EIS 测试。对称电池的组成为 RGO@SiO$_2$ | 含 Li$_2$S$_4$电解液 | 隔膜 | 电解液 | RGO@SiO$_2$，其 EIS 曲线如图 3-23 所示。曲线在高频处的半圆能够反映出电池阻抗的基本信息，曲线的起点对应于电池的总体阻抗，高频区半圆直径反映电荷的传递阻抗。球形正极载体的阻抗在四种正极载体中最低，另外三种正极载体的阻抗在同一量级，长条形正极载体具有最高的阻抗，这是导致其电化学性能较差的一个重要因素，说明 RGO 的导电网络分布完整程度不同也能够引起阻抗的变化。

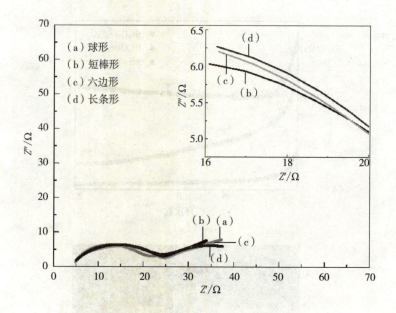

图 3-23　四种 RGO@SiO$_2$的 EIS 曲线，插图为局部放大

由于 PC 具有与 RGO 相似的导电性以及与 SiO$_2$相似的孔结构，笔者还制备了纯介孔碳（PC）作为对照，对比分析其他条件相同的情况下，RGO@S/SiO$_2$在抑制穿梭效应方面的优势。PC 的制备方法：在含有 2.5 g 过硫酸的水溶液中逐滴滴加 50 mL 含有 0.9 g 苯胺和 3 mL 硅溶胶的水溶液，使苯胺在硅溶胶表面发生聚合。对反应后的混合溶液进行过滤、洗涤和干燥，然后在 N$_2$ 气氛中 900 ℃

碳化 2 h,并用 NaOH(10%)溶液刻蚀掉 SiO$_2$,得到 PC,其中 PC 的孔径和比表面积可以通过硅溶胶的加入量来调控。PC 的 SEM 图和 TEM 图如图 3 − 24 所示,PC 颗粒尺寸较为均匀,约为 200 nm。

图 3 − 24   PC 的(a)、(b)SEM 图和(c)、(d)TEM 图

PC 的比表面积为 1808 m^2 · g^{-1},氮气吸附 − 脱附等温曲线(Ⅳ型)和孔径分布(2.8 nm)如图 3 − 25(a)和图 3 − 25(b)所示,表明所制备的 PC 具有与介孔 SiO$_2$ 相似的孔结构和比表面积,可以作为对比样品。对 S/PC 复合材料进行 SEM 和 EDS 表征,结果如图 3 − 25(c)和图 3 − 25(d)所示。

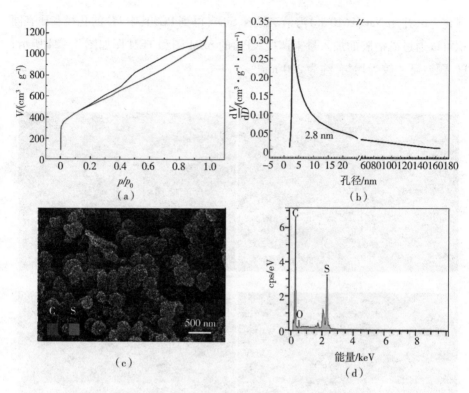

图3-25 （a）PC 的氮气吸附－脱附等温曲线；
（b）孔径分布；（c）S/PC 的 SEM 图；（d）相应的 EDS 能谱

　　PC 的浸渍硫过程与介孔 SiO$_2$ 相同，将得到的 S/PC 组装成纽扣电池，并进行循环充放电测试，结果如图 3-26 所示。S/PC 的初始比容量不到 800 mAh·g^{-1}，经过 200 次循环充放电只剩下 180 mAh·g^{-1}，而且倍率性能较差，在 0.1～1.0 C 电流密度条件下循环，比容量迅速减少。当电流密度还原为 0.1 C 时，比容量无法恢复到初始值。由于 PC 具有与介孔 SiO$_2$ 相似的结构，并且具有较好的导电性，与本书设计的保护层@吸附体结构相比，只是缺少了保护层这一结构，因此对比以上性能可知，单纯的介孔碳材料电化学性能较差的原因在于缺少保护层的限制作用，进一步证明本书设计的正极载体具有明显的优势。

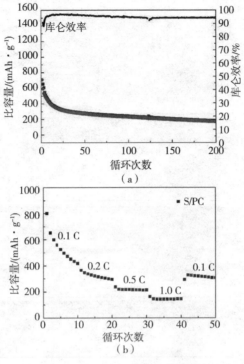

图 3 - 26　S/PC 的电化学性能

(a)循环性能;(b)倍率性能

通过如图 3 - 27 所示的小瓶实验可以直观地看到 PC 和 RGO@S/SiO$_2$ 对 LiPS 穿梭效应的抑制作用。将两种正极载体与 Li 片组成对电极,置于密封小瓶内的电解液中,观察小瓶内电解液颜色的变化。由于外电路处于直接连通的低负载状态,长时间通过高电流会造成正极集流体 Al 薄膜的溶解,所以只能在短时间内进行观测。观察两个密封小瓶可以看出,S/PC 电池的电解液颜色随着时间延长逐渐变黄,而 RGO@S/SiO$_2$ 电池的电解液颜色变化不明显,说明 RGO@S/SiO$_2$ 对 LiPS 的溶解具有一定的限制作用。另外从放电结束后的 EDS 图中可以看出,S/PC 中硫的强度很弱,说明 PC 内的硫流失严重,而 RGO@S/SiO$_2$ 材料表面的硫信号很强,且保护层@吸附体结构仍然保持完整,说明大部分硫被限制在保护层内部。以上结果证明了 RGO 保护层对 LiPS 的溶解有限制作用。

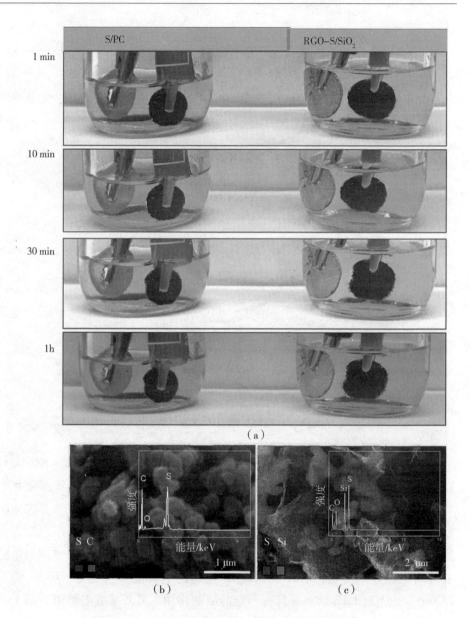

图 3 − 27 (a) S/PC 与 RGO@ S/SiO₂ 的小瓶实验；
放电后(b) S/PC 和(c) RGO@ S/SiO₂ 的 SEM 图以及 EDS 测试结果

对穿梭效应的抑制除了与 RGO 的物理限域有关,还与材料的润湿性密切相关,如图 3 −28 所示。在正极载体与 LiPS 润湿性较差的情况下,正极载体的比容量会快速下降并产生严重的穿梭效应。PC 与 LiPS 的小瓶实验(图 3 - 29)可以证明,PC 只在小瓶内壁和液面上层悬浮,没有与 Li_2S_4 溶液发生润湿现象。在 LiPS 溶液中的 PC 无法起到应有的提高导电性和限域的作用,因为其与活性物质的接触面积由于不能相互润湿而较小,导致循环开始后,大部分 LiPS 机械地附着在颗粒外表面,在没有 RGO 等保护层的情况下,随着循环的进行,活性物质快速流失。

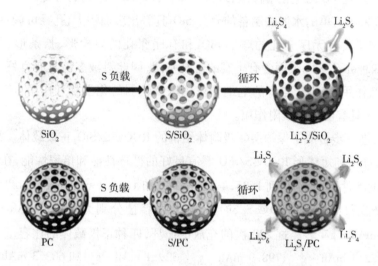

图 3 - 28　PC 与 SiO₂ 作为 S 载体的性能对比图

图 3 - 29　含 Li₂S₄ 的电解液在加入 PC 前后颜色变化的对比图

3.5　本章小结

本章设计制备了保护层@吸附体结构的 RGO@S/SiO$_2$ 正极载体,得到四种形貌的 S/SiO$_2$,通过修饰 RGO,提高复合材料的导电性和对 LiPS 的限制能力。对 RGO@S/SiO$_2$ 的电化学性能进行测试,并分析载体性质和结构对电化学性能的影响。对比 PC 的电化学性能,分析本章设计的材料结构的合理性。

(1)采用简单的水浴法制备的介孔 SiO$_2$ 具有比表面积大、孔径可调等特点,分别得到了具有无序介孔的球形 SiO$_2$ 和有序介孔的短棒形、长条形、六边形 SiO$_2$。四种介孔 SiO$_2$ 表面含有丰富的羟基基团,因此对液态硫具有良好的润湿性和分散作用,又由于自身的毛细管作用以及较弱的化学相互作用,该正极载体对 LiPS 具有明显的吸附作用。

(2)进一步合成了保护层@吸附体结构的 RGO@S/SiO$_2$ 正极载体。测试结果表明,球形和短棒形 RGO@S/SiO$_2$ 具有良好的循环性能和倍率性能,在 $0.1\ C$ 电流密度条件下,分别得到 $1625.4\ \mathrm{mAh \cdot g^{-1}}$ 和 $1638.1\ \mathrm{mAh \cdot g^{-1}}$ 的初始比容量,六边形和长条形 RGO@S/SiO$_2$ 的初始比容量分别为 $1250.0\ \mathrm{mAh \cdot g^{-1}}$ 和 $1009.1\ \mathrm{mAh \cdot g^{-1}}$。经过 200 次的充放电循环,四种正极载体的比容量分别保持在 $1122.1\ \mathrm{mAh \cdot g^{-1}}$、$798.9\ \mathrm{mAh \cdot g^{-1}}$、$329.1\ \mathrm{mAh \cdot g^{-1}}$ 和 $603.3\ \mathrm{mAh \cdot g^{-1}}$。六边形 RGO@S/SiO$_2$ 由于孔径尺寸较大、比表面积较小,因此循环性能较差。长条形 RGO@S/SiO$_2$ 由于颗粒聚集和 RGO 不完全覆盖,因此电容保持率较低。而球形 RGO@S/SiO$_2$ 循环 400 次后,在 $0.1\ C$、$0.5\ C$、$1.0\ C$、$2.0\ C$ 的电流密度条件下分别能够保持 $1172\ \mathrm{mAh \cdot g^{-1}}$、$604\ \mathrm{mAh \cdot g^{-1}}$、$490\ \mathrm{mAh \cdot g^{-1}}$、$392\ \mathrm{mAh \cdot g^{-1}}$ 的比容量。

(3)经过 FT-IR、EIS、XPS 对比分析,得出 SiO$_2$ 与活性物质的润湿性、RGO 组成的导电网络完整程度、SiO$_2$ 和 RGO 对 LiPS 的吸附与限域作用是决定正极载体初始比容量、循环性能和反应速率的关键因素。

(4)将 RGO@S/SiO$_2$ 与 S/PC 进行比较,直观地证明了本章制备的正极载体具有更高的比容量并能抑制穿梭效应,进一步体现了 RGO@S/SiO$_2$ 性能和结构上的优越性。

第4章　金属元素修饰介孔 SiO$_2$ 正极载体对锂硫电池电化学性能的影响

4.1　引言

为了进一步改善正极载体的倍率性能和反应活性,本章继续探索本身具有高导电性和 LiPS 吸附能力的载体,并简化保护层修饰这一步骤,期望仅通过载体改性就能达到对电化学性能提升的目的。有关文献证明,具有 M—O 极性键的载体材料可以提高正极的导电性并可以有效吸附 LiPS,如具有多孔结构的 TiO$_2$ 材料由于其比表面积大且电学性能优异,表现出较大的可利用空间。制备介孔 TiO$_2$ 的方法有很多,如软模板法、硬模板法、生物模板法、溶胶 – 凝胶法等。但是采用这些方法制备的介孔 TiO$_2$ 存在许多不足:(1)制备过程不易控制。(2)Ti 的配位数一般大于4,导致合成的介孔 TiO$_2$ 一般呈现出无序状态且孔径较小,不适合作为硫载体。(3)介孔 TiO$_2$ 的水和热稳定性一般较差,在除去模板剂时容易造成结构坍塌。(4)块体形貌的 TiO$_2$ 材料形貌可控性差,不利于吸附高负载量的 LiPS。

基于以上考虑,本章通过金属元素修饰介孔 SiO$_2$,得到具有 M—O 极性键的载体。该方法能够提高载体本身的导电性,而且制备工艺简单。在 SiO$_2$ 自身优势被保留的前提下,通过嫁接金属原子得到金属元素修饰的介孔 SiO$_2$ 载体,命名为 M – SiO$_2$,这种载体不仅能够保留介孔 SiO$_2$,而且比表面积大,孔径和孔容积适宜,还兼具导电性高、吸附能力强的特点,尤其是金属原子的引入增加了载体的电子极化率,这对提高载体吸附 LiPS 的能力具有很大影响。除了利用 M – SiO$_2$ 载体与 LiPS 之间的极性相互作用外,由路易斯酸碱理论可知,金属阳离子具有路易斯酸的特性,因此通过金属元素修饰的方法还可以增强路易斯酸碱相互作用来吸附 LiPS。

4.2 金属元素修饰对 SiO_2 性能影响的理论计算

本节首先从理论上分析和讨论金属元素修饰对 SiO_2 性能的影响,为金属元素修饰 SiO_2 的利用提供理论指导。本章采用第一性原理计算软件 CASTEP 模块进行计算。忽略介孔结构,只考虑金属元素引入对 SiO_2 基体电子结构的影响,采用基于密度泛函理论的线性缀加平面波法进行了简单的第一性原理计算。讨论了引入金属元素的能带结构、电子态密度等对 SiO_2 性能的影响。采用超胞法研究基态 SiO_2 以及三种修饰模型的性质,对原始 SiO_2 进行结构优化和能量计算。原始 SiO_2 属于非导体,几何优化后其结构模型如图4–1(a)所示。首先对金属 Ti 修饰的模型进行构建,考虑 Ti 引入后在 SiO_2 内的排列问题,分别构造了 Ti 处于 Si 替代位置、Ti 与一个 O 相连接位置、Ti 与两个 O 相连接位置以及 Ti 与 Si/O 共同连接位置四种模型。另外考虑 Ti 的四配位饱和性,其他未与 SiO_2 连接的配位采用—OH 连接。简化掉末端的—OH 结构模型,如图 4–1(b)~(e)所示,计算时采用缀加平面波法和PBE–GGA处理电子的交换能。计算后得到的原始 SiO_2 的晶格参数与文献中报道的相近,基态的 SiO_2 的 Si—O 键长与理论值(1.614 Å)相同。

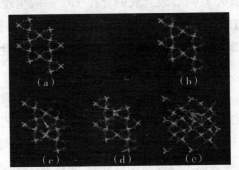

图 4–1　SiO_2 和 $Ti–SiO_2$ 的超晶胞模型

(a)SiO_2;(b)Ti 处于 Si 替代位置;(c)Ti 与一个 O 相连接位置;

(d)Ti 与两个 O 相连接位置;(e)Ti 与 Si/O 共同连接位置

但是引入 Ti 之后的四种结构中与 Ti 邻近的 Si—O 键长发生改变,Si—O 键长轻微伸长,说明 Ti 对 SiO₂固有的化学键产生强烈的作用,因为正电荷的 Ti 与强电负性的 O 产生相互吸引,导致 Ti—O 键长变短,四种模型发生畸变的Si—O 键长分别在 1.799 ~ 1.805 Å、2.561 ~ 2.847 Å、1.633 ~ 1.703 Å 和 1.599 ~ 2.740 Å 的范围内。通过能带结构可以直接反映材料的导电性,图 4 – 2 和图 4 – 3 为基态 SiO₂ 与四种 Ti 修饰结构的能带结构图,由图可以看出,Ti 在不同位置的引入均能使 SiO₂ 的带隙变窄,在理论上实现从绝缘体到半导体的过渡。

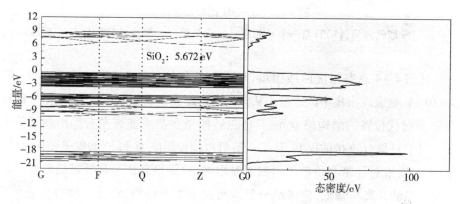

图 4 – 2 基态 SiO₂ 的能带结构图

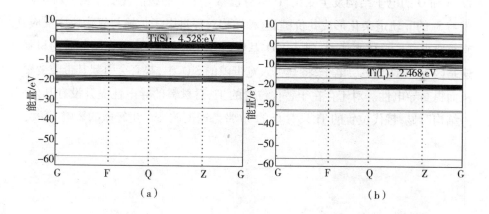

(a)   (b)

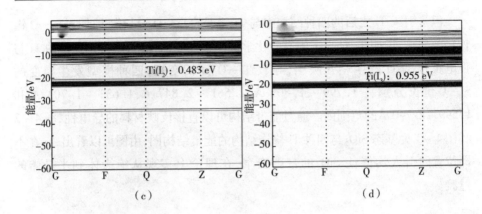

（c）　　　　　　　　　　　　　　（d）

图 4 – 3　Ti – SiO₂ 的能带结构图

（a）Si 取代的 Ti；（b）Ti 与一个 O 相连；（c）Ti 与两个 O 相连；（d）Ti 与 Si/O 相连

从图 4 – 4 总态密度曲线中可以看出，几种结构在 – 17 eV、– 10 ~ 0 eV、5 ~ 10 eV 处表现出集中的能量。从分波态密度曲线看出，Ti 修饰后，除了 Ti 存在于 Si 替代位置的结构模型外，其他三种模型在费米能级左右都出现了价电子。对于只与 O 连接的模型，Ti 引入后可以间接影响 O 和 Si 的电子结构，O 和 Si 的 sp 轨道对导带与价带的贡献明显增加，价带最高能量和导带最低能量都产生明显的升高与降低，使得部分分波跨过了费米能级，产生了类金属态。Ti 与 O 连接得越多，Si 的带结构改变越大。对于 Ti 同时与 Si 和 O 连接的模型，不仅 Si 和 O 的电子结构发生变化，Ti 本身也参与了对能级的改变作用，Ti 的 d 轨道与 Si 的 p 轨道杂化形成共价键，这种结构对促进电子传输与氧化还原反应具有重要意义。总体来说，Ti 进入 SiO₂ 基体后，绝缘的 SiO₂ 变成金属性质的材料，这是因为 Ti 具有多层电子，将其引入宽带隙的 SiO₂ 中，势必会引起其带隙变窄，从而提高导电性。对于存在于替代位置的 Ti，对材料的导电性提升没有其他三种结构明显，替代位置的 Ti 只对 O 的 sp 带态密度改变产生轻微的影响。

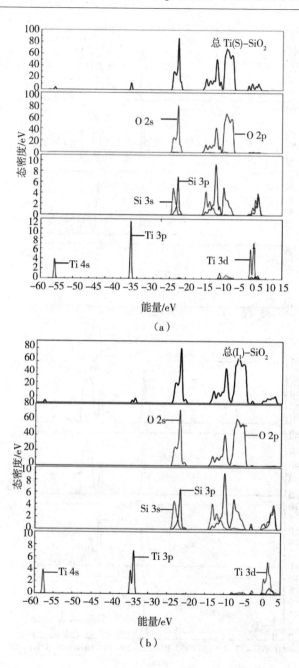

（a）

（b）

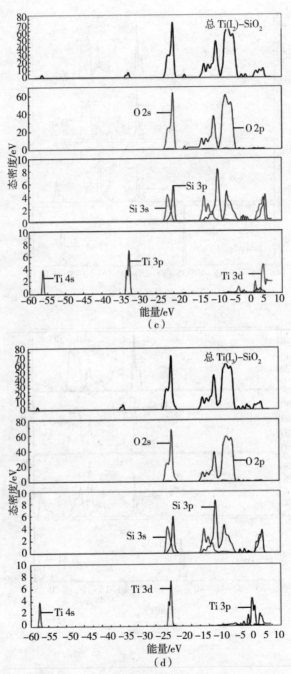

图 4 - 4 Ti - SiO₂ 的分波态密度和总态密度曲线

（a）Si 取代的 Ti；（b）Ti 与一个 O 相连；（c）Ti 与两个 O 相连；（d）Ti 与 Si/O 相连

另外利用差分密度计算分析了 Ti 修饰后的四种结构中电荷分布的差异,如图 4-5 所示,在 O 附近产生电荷积累,这是 O 的强电负性导致的。与 Ti 邻近的 O 产生明显的电荷积累,同时 Si 的电荷分布也发生明显的变化。最终结构内电子非局域化增强,说明 Ti 修饰的 SiO₂ 材料具有更强的极性,这种极性对于增加其与极性 LiPS 之间的化学相互作用具有重要意义。

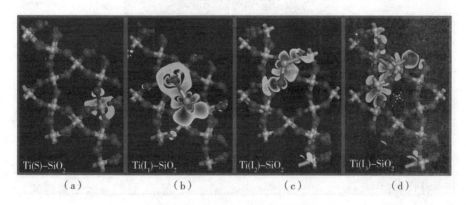

图 4-5　Ti-SiO₂ 的差分密度图

(a)Si 取代的 Ti;(b)Ti 与一个 O 相连;(c)Ti 与两个 O 相连;(d)Ti 与 Si/O 相连

按式(4-1)计算四种 Ti-SiO₂ 结构的形成能,发现 Ti 与一个 O 连接的结构的形成能最低,其次是 Ti 与两个 O 连接的结构。

$$E_{\text{form}} = E(\text{Si}_n\text{O}_{2n}) - xE(\text{Si}) - \frac{zE(\text{O}_2)}{2} + yE(\text{Ti}) - E(\text{Si}_{n-x}\text{Ti}_y\text{O}_{2n-z})$$

$$(4-1)$$

式中,$E(\text{Si}_n\text{O}_{2n})$——SiO₂ 超胞的总能量;

$E(\text{Si}_{n-x}\text{Ti}_y\text{O}_{2n-z})$——Ti 修饰的 SiO₂ 的总能量;

$E(\text{O}_2)$——O₂ 的总能量;

x、y、z——被替代的 Si、引入的 Ti、氧空位的数量。

笔者对 Al 和 Sn 修饰的 SiO₂ 也进行了同样的计算,通过结构优化和计算得出,金属元素与一个 O 连接的结构具有最低的形成能,即 M—O 结构是最符合实际情况的。笔者采取同样的制备方法和研究手段研究了 Al、Sn 修饰的介孔 SiO₂ 载体的性能,首先对 Al 和 Sn 修饰的 SiO₂ 在导电性的改进上进行理论计算,

Al 和 Sn 修饰的 SiO_2 只需构造金属元素存在于 M—O 嫁接位置的模型,结构优化后的 Al-SiO_2 和 Sn-SiO_2 的结构模型如图 4-6 所示。Al—O 及 Sn—O 的键长分别为 2.434 Å 和 2.830 Å。

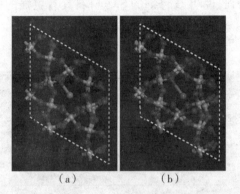

(a)   (b)

图 4-6   M—O 连接的(a)Al-SiO_2 和(b)Sn-SiO_2 的结构模型

对其进行能带和态密度计算,结果如图 4-7 所示,修饰金属元素后的 SiO_2 的带隙均有所减小,分别为 2.593 eV 和 1.909 eV。

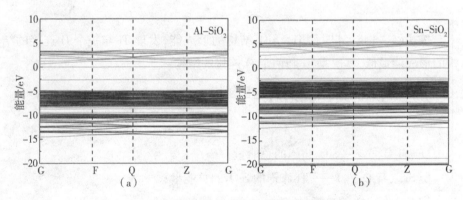

图 4-7   (a)Al-SiO_2 和(b)Sn-SiO_2 的价带结构图

从对应的态密度图(图 4-8)中也能够看出在费米能级左右均出现了价电子。进一步对 O 元素和 Si 元素的分波态密度进行分析,最终得出,金属原子的添加是导致带隙变窄的主要原因,对价电子贡献最多的是 Al 2p、Sn 3p 和 O 2s 轨道的电子,说明发生了 O 原子与金属原子的 sp 杂化,有利于电化学氧化还原反应过程中电荷的转移。

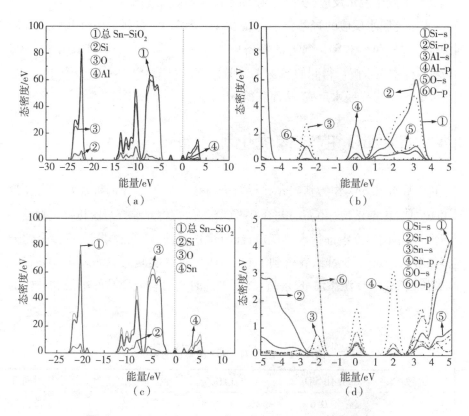

图 4 - 8　（a）、（b）Al - SiO$_2$ 和（c）、（d）Sn - SiO$_2$ 的态密度图

　　综上所述,金属元素通过 M—O 嫁接的结构具有最低的形成能,其中 Al、Sn 修饰的 SiO$_2$ 与 Ti 修饰的 SiO$_2$ 相比,所需要的形成能稍高。因此在实际合成过程中同样实验条件下得到的 Al、Sn 元素的引入量会低于 Ti 元素的引入量。采用 Ti 修饰会得到更多的金属原子嫁接,因此活性位点就更多,对电化学性能的改善就更明显。

4.3　金属元素修饰 SiO$_2$ 的制备方法

　　采用水热法制备金属元素修饰的介孔 SiO$_2$。钛酸异丙酯(TTIP)水解后可得到 Ti 连接四个羟基基团结构的产物,这些基团与介孔 SiO_2 表面带有的羟基在水热过程中发生脱水反应,从而得到 Ti 原位修饰的介孔 SiO_2,命名为 Ti – SiO_2。另外,未参与脱水反应的羟基仍然保留在 Ti – SiO_2 上,有利于保持载体良好的润湿性。Al – SiO_2 和 Sn – SiO_2 的制备同上。Al 源和 Sn 源分别采用 $AlCl_3$ 与 $SnCl_2$,两种物质水解后得到的产物 $Al(OH)_3$ 和 $Sn(OH)Cl$ 都带有 OH^-,因此也能与介孔 SiO_2 发生脱水反应,从而获得 Al – SiO_2 和 Sn – SiO_2。

4.4　Ti – SiO_2 的结构优化和表征

　　以有序介孔 SiO_2 作为基础介孔材料进行金属修饰。分别将含有不同质量的 TTIP 的异丙醇溶液(40 mL)与介孔 SiO_2 混合,再将此混合溶液转移至高温反应釜内,在不同温度中进行水热反应,经过多次过滤、洗涤和烘干,将多余的未连接的游离金属离子去除,就得到了 Ti – SiO_2。具体实验方案如表 4 – 1 所示,分别研究了不同 Ti 源添加量、水热温度、水热时间对合成样品的组成和结构的影响。

表 4 – 1　制备 Ti – SiO_2 的实验方案

编号	介孔 SiO_2/g	TTIP/g	水热温度/℃	水热时间/h
1	0.6	0.0059	95	72
2	0.6	0.0236	95	72
3	0.6	0.0473	95	72
4	0.6	0.0946	95	72
5	0.6	0.0473	120	72
6	0.6	0.0473	95	96

　　按照上述几种实验方案分别可以得到短棒形、长条形和六边形的 Ti – SiO_2,其 SEM 图如图 4 – 9 至图 4 ~ 11 所示。图中(a) ~ (f)分别对应于表 4 – 1 中编号 1 ~ 6 的样品。从图中可以看出,短棒形和长条形 Ti – SiO_2 表现出相似的变化规律,从图 4 – 9(c)插图中的单个颗粒放大图片可以看出,当 Ti 的添加量达到 0.0473 g 时,样品表面没有发生明显改变,但是当 Ti 的添加量达到 0.0946 g

时,颗粒的表面发生了明显的变化,颗粒结构坍塌,介孔结构被破坏。5 号样品的结构也因为介孔 SiO₂的热稳定性较差而坍塌。6 号样品也由于在高压下长时间水溶液中浸泡,产生一定的松散现象。由以上讨论可知,在保证介孔载体材料结构稳定的前提下,水热温度为 95 ℃保温 72 h 条件下的 3 号样品是最佳选择。六边形介孔 SiO₂在不同 Ti 的添加量条件下仍然能够保持相似的结构和形貌,只有升高温度和延长水热时间的 5 号和 6 号样品才有所变化。

（e）　　　　　　　　　　　　　　（f）

图 4-9　不同条件合成的短棒形 Ti-SiO$_2$ 的 SEM 图
（a）编号 1；（b）编号 2；（c）编号 3；（d）编号 4；（e）编号 5；（f）编号 6

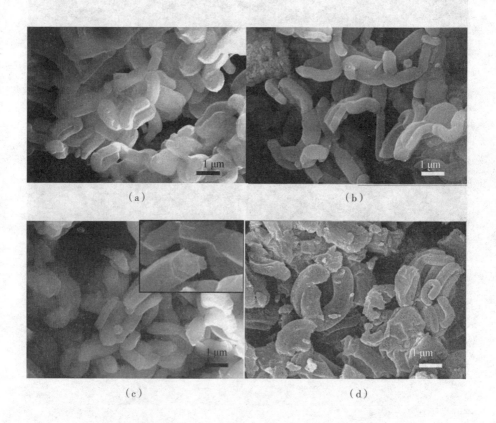

（a）　　　　　　　　　　　　　　（b）

（c）　　　　　　　　　　　　　　（d）

图 4 – 10　不同条件合成的长条形 Ti – SiO$_2$ 的 SEM 图

(a)编号 1;(b)编号 2;(c)编号 3;(d)编号 4;(e)编号 5;(f)编号 6

（e）　　　　　　　　　　　　　　（f）

图 4-11　不同条件合成的六边形 Ti-SiO₂ 的 SEM 图

(a)编号1;(b)编号2;(c)编号3;(d)编号4;(e)编号5;(f)编号6

采用 XRF 对该样品中 Si 与 Ti 的元素含量进行表征,结果如表 4-2 所示。从表中可以看出,短棒形和长条形介孔 SiO_2 随着 Ti 源添加量的增多,Ti 引入量也逐渐增多,但是增加的幅度逐渐平缓。Ti 的引入使 SiO_2 的结构造成一定错排,导致体系的能量升高,继续引入缺陷需要克服的阻力也会越来越大,因此在结构稳定的同时,可获得的金属元素的修饰量是有限的。结合前面的讨论可知,Ti 源物质按照 Ti 与 Si 原子比等于 1/60 添加的样品能够达到较高的引入量,同时保证结构的稳定。由表可知,不同形貌最佳的 Ti 引入量为:短棒形 Ti-SiO₂ 中 Ti/Si 等于 1/50 左右;长条形 Ti-SiO₂ 中 Ti/Si 等于 1/44 左右。从表中还可以发现,六边形 Ti-SiO₂ 中 Ti/Si 都非常小,说明在六边形 Ti-SiO₂ 中 Ti 的引入量比其他两种形貌低很多,推测是由于六边形的介孔尺寸较大且为通孔,导致其捕获的金属离子较少。

表 4-2　不同 Ti 源添加量得到的 Ti-SiO₂ 的 Ti 与 Si 原子比

形貌	Ti 源添加量 Ti/Si	得到的 Ti/Si
短棒形	1/60	1/50.3
短棒形	1/120	1/53.1
短棒形	1/240	1/92.5
短棒形	1/480	1/170.0
长条形	1/60	1/44.2

续表

形貌	Ti 源添加量 Ti/Si	得到的 Ti/Si
长条形	1/120	1/48.8
长条形	1/240	1/74.3
长条形	1/480	1/133.2
六边形	1/60	1/90.5
六边形	1/120	1/99.7
六边形	1/240	1/152.3
六边形	1/480	1/209.7

对以上不同 Ti 源添加量的短棒形 Ti – SiO₂ 进行 UV – vis 测试,结果如图 4 – 12 所示,220 ~ 230 nm 处的吸收峰代表 Ti 成功引入 SiO₂ 内部并且呈高度分散结构。但是如果在 300 nm 处出现吸收峰,则代表生产了锐钛矿结构的 TiO₂。在 260 ~ 290 nm 处出现吸收峰,说明样品内部的钛氧八面体 Ti 分散程度较低。从图中可以看出,在 Ti/Si 为 1/240、1/120、1/60 时,短棒形 Ti – SiO₂ 吸收峰在 220 nm 左右,说明 Ti 的添加量低于 1/50 时,Ti 元素主要以高度分散的形式存在于介孔 SiO₂ 材料内部。但是当 Ti/Si 大于 1/60 时,短棒形 Ti – SiO₂ 在 300 nm 附近出现锐钛矿结构 TiO₂ 的肩峰,说明在此比例下添加 Ti 源物质会造成 Ti 聚集,破坏介孔结构。

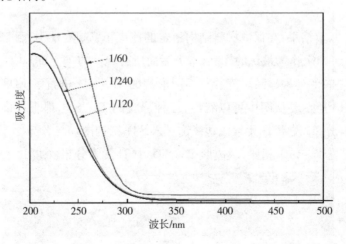

图 4 – 12　短棒形 Ti – SiO₂ 的 UV – vis 谱图

选取 Ti/Si 为 1/50 左右的 Ti – SiO$_2$ 样品进行 XRD 测试,从图 4 – 13(a)中可以看出,三种 Ti – SiO$_2$ 样品表现出与纯 SiO$_2$ 相似的衍射峰,说明材料孔径的规整度依然保持良好。进一步对材料进行了 XPS 测试,结果如图 4 – 13(b)所示,所有样品都存在 Si、Ti、O 以及少量的 C,C 是模板剂炭化后的残留造成的。在长条形和短棒形 Ti – SiO$_2$ 的 XPS 图中 Si 与 Ti 的峰强比值约为 1:0.02,但是六边形 Ti – SiO$_2$ 的 Ti 峰强度相对较弱,说明 Ti 在六边形介孔 SiO$_2$ 内的引入量较低,推测是由于六边形介孔 SiO$_2$ 的孔径较大且通孔较多,因此不能很好地捕获 Ti 源。

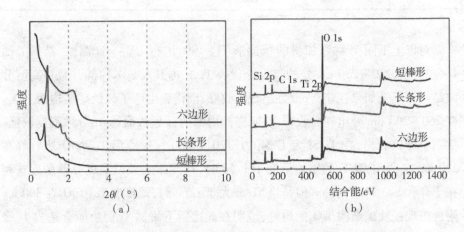

图 4 – 13 不同形貌的 Ti – SiO$_2$ 的(a)XRD 谱图和(b)XPS 图

基于以上结果,在保证材料结构稳定的前提下,选取 Ti 引入量最高且结构稳定的 Ti – SiO$_2$ 作为最优的样品,本书后面所有提及的 Ti – SiO$_2$ 均指 Ti 引入量为 1/50 左右的三种样品。笔者对不同形貌的 Ti – SiO$_2$ 进行了 EDS 测试,结果如图 4 – 14 所示。从图中可以看出,三种形貌的 Ti – SiO$_2$ 都表现出均匀的 Si、O、Ti 元素分布,说明 Ti 元素成功修饰进入 SiO$_2$ 结构内。与 XPS 结果相似,与其他两种形貌 Ti – SiO$_2$ 相比,六边形 Ti – SiO$_2$ 中 Ti 元素分布较少。

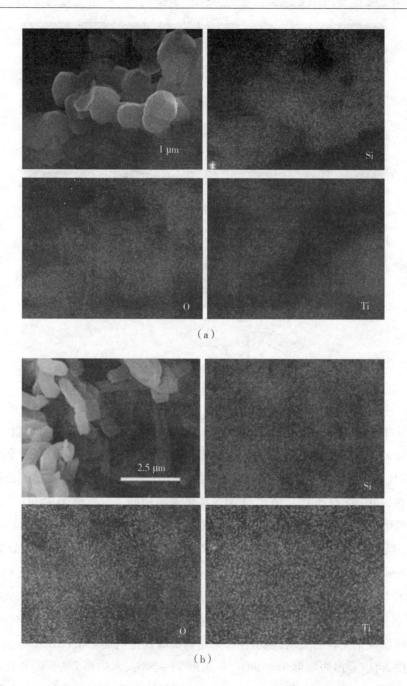

（a）

（b）

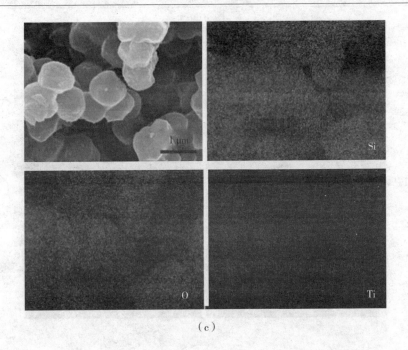

（c）

图 4 – 14 三种形貌 Ti – SiO$_2$ 的 SEM 图及相应的 EDS 图
（a）短棒形 Ti – SiO$_2$；（b）长条形 Ti – SiO$_2$；（c）六边形 Ti – SiO$_2$

从 Ti – SiO$_2$ 的 TEM 图中可以更直观地看出样品的微观结构和形貌，如图 4 – 15（a）~（c）所示，三种形貌的样品都保持了原来的短棒形、长条形和六边形，而且介孔结构未受到明显的破坏。图 4 – 16（d）相应的 EDS 图也能证明 Ti 的存在，其中 Ti 与 Si 的比值也与 XPS 结果基本相同。对三种 Ti – SiO$_2$ 样品进行氮气吸附 – 脱附测试，得到的氮气吸附 – 脱附等温曲线如图 4 – 15（e）~（g）所示，经过计算，短棒形、长条形、六边形 Ti – SiO$_2$ 的比表面积分别为 572.8 m^2·g^{-1}、870.4 m^2·g^{-1}、704.8 m^2·g^{-1}，与修饰 Ti 之前的比表面积相比差异不大，短棒形 Ti – SiO$_2$ 和长条形 Ti – SiO$_2$ 的比表面积有所减小，说明大部分的 Ti 是以高度分散的形式修饰在结构内的，而且氮气吸附 – 脱附等温曲线中的回滞线形成了尖锐的夹角，说明样品的结构没有发生坍塌。图4 – 15（h）为孔径分布图，可以看出短棒形 Ti – SiO$_2$、长条形 Ti – SiO$_2$、六边形Ti – SiO$_2$孔径大小分别为 5.4 nm、5.5 nm 和 7.4 nm 左右，相较于纯介孔 SiO$_2$ 的孔径未发生明显变化，进一步证明了 Ti 的引入并不影响样品原有介孔的有序程度。

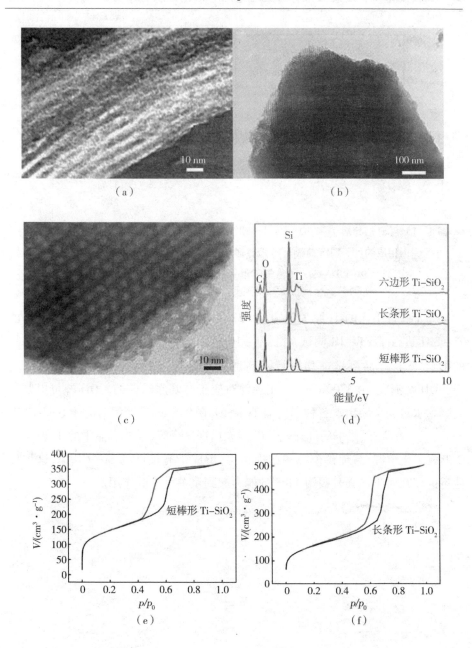

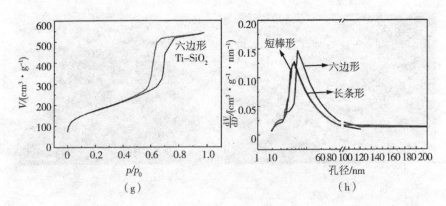

图 4 - 15　(a)短棒形 Ti - SiO₂、(b)长条形 Ti - SiO₂、(c)六边形 Ti - SiO₂的 TEM 图；

相应的(d) EDS 曲线；(e)短棒形 Ti - SiO₂、(f) 长条形 Ti - SiO₂、

(g)六边形 Ti - SiO₂的氮气吸附 - 脱附等温曲线；(h)孔径分布图

为了验证引入的 Ti 原子与宿主 SiO₂ 的化学键结合情况，笔者对所制备的 Ti - SiO₂ 进行了 FT - IR 测试，如图 4 - 16 所示。为了排除 Si—OH 对测试结果的影响，所有样品测试前均进行了高温脱水处理。3400 cm^{-1} 处的吸附水对应—OH 峰消失，由 3700 cm^{-1} 处出现的对应于与基底结合的—OH 峰可以判断出吸附水被完全脱出。三种形貌的 Ti - SiO₂在 948 cm^{-1} 处都对应于 Si—O—Ti 的峰，但是在无 Ti 修饰的纯介孔 SiO₂中未出现这个峰，说明样品中的 Ti 原子与 O 形成了化学键，与理论模拟的结构相符，形成带有极性的 Si—O—Ti，这种极性键的存在对于增强其吸附 LiPS 的能力起到至关重要的作用。

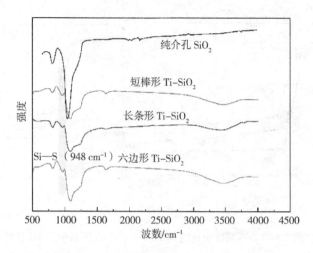

图 4 - 16　三种形貌的 Ti - SiO₂ 与纯介孔 SiO₂ 的 FT - IR 对比

4.5　S/Ti - SiO₂ 的制备与表征

由于六边形 Ti - SiO₂ 中 Ti 的引入量较低,本书仅采用短棒形 Ti - SiO₂ 和长条形 Ti - SiO₂ 作为硫载体材料。由于第 3 章中所有 SiO₂ 孔容积是确定的值,而且后续需要经过 RGO 的修饰,所以介孔中的硫含量也被优化为最佳浸渍量,具有确定的值。将短棒形 Ti - SiO₂ 和长条形 Ti - SiO₂ 分别与硫按照 1:2、1:3、1:4 的比例熔融浸渍,得到了不同硫含量的 S/Ti - SiO₂ 复合材料。图 4 - 17(a) 为不同硫含量的短棒形 S/Ti - SiO₂ 的 TG 曲线,图 4 - 17(b) 为不同硫含量的长条形 S/Ti - SiO₂ 的 TG 曲线,两种复合材料分别得到接近 60%、70% 和 80% 的硫含量。

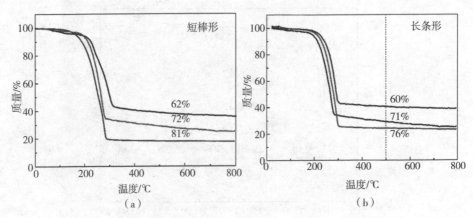

图4-17 不同硫含量的 S/Ti-SiO$_2$ 在 Ar 气氛中的 TG 曲线

(a)短棒形;(b)长条形

图4-18 为硫含量约为 60% 的 S/Ti-SiO$_2$ 的 SEM 图及相应的 EDS 图,从图中可以看出,两种形貌的 S/Ti-SiO$_2$ 中 S 元素分布均匀,表明硫在介孔结构中分散程度良好。

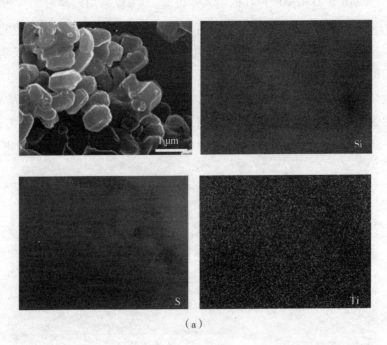

(a)

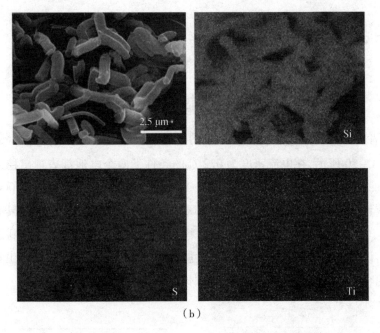

（b）

图 4 – 18　硫含量约为 60% 的 S/Ti – SiO₂ 的 SEM 图及相应的 EDS 图

（a）短棒形；（b）长条形

图 4 – 19 中 EDS 测试结果也说明硫在介孔结构中均匀分布。

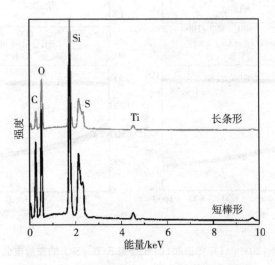

图 4 – 19　不同形貌的 S/Ti – SiO₂ 的 EDS 曲线

4.6　S/Ti – SiO$_2$ 的电化学性能研究

4.6.1　S/Ti – SiO$_2$ 的电化学性能表征

　　笔者对硫含量为60%的两种形貌的S/Ti – SiO$_2$进行了循环充放电测试,结果如图4 – 20所示,在电流密度为0.2 C 的条件下两个电池都表现出稳定的放电平台。初始比容量分别为1027 mAh · g^{-1}和1003 mAh · g^{-1},经过1000次循环,比容量分别保持在352 mAh · g^{-1}和443 mAh · g^{-1},说明两个电池具有相似的电化学性能。相比于RGO修饰的材料,长条形介孔 SiO$_2$ 的性能得到了明显的改善,说明 Ti 修饰后对介孔 SiO$_2$ 的性能改善作用不因形貌不同而产生较大差异,证明金属修饰能够有效改善正极载体本质的导电性。

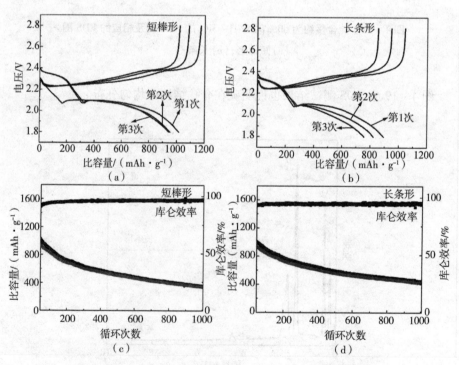

图4 – 20　(a)短棒形和(b)长条形 S/Ti – SiO$_2$的充放电曲线;

(c)短棒形和(d)长条形 S/Ti – SiO$_2$在0.2 C 条件下的循环性能

图 4 - 21(a)为长条形 S/Ti - SiO₂ 在不同电流密度条件下的循环性能图,首先将电池在 0.05 C 条件下循环 3 次以达到电池活化的目的。然后将活化后的电池分别在电流密度为 0.50 C、1.00 C、2.00 C 条件下进行充放电循环测试。结果表明,经过循环,电池的比容量仍然较为稳定。具体循环参数列于表 4 - 3、表 4 - 4 和表 4 - 5。从表中可以看出,除了首次循环之外,电池的循环效率都接近于 100%,在 0.50 C 条件下,第 50 次、100 次、150 次和 200 次对应的比容量均保持平缓下降,说明在循环过程中,活性物质流失缓慢,穿梭效应的发生在一定程度上被抑制。在更大的电流密度条件下,电池的电容保持率几乎不变,说明电池具有良好的反应活性和倍率性能。在 1.00 C 和 2.00 C 条件下电池的初始比容量分别为 806.4 mAh · g⁻¹ 和 603.9 mAh · g⁻¹,与 0.50 C 条件下比容量相比,得到的差值如图 4 - 21(b)所示,比容量差随着循环次数增加逐渐减小,说明大电流密度条件下电池的电容保持率明显高于小电流条件下得到的,这是由于在大电流密度条件下进行充放电需要的反应时间较短,而 LiPS 的溶解和穿梭效应还需要一定的时间来发生,因此在较短的时间内,较高的导电性和反应速率使硫快速转化成 LiPS,但转化的 LiPS 来不及溶解并发生穿梭效应,穿梭效应在很大程度上被抑制,得到较高的电容保持率。

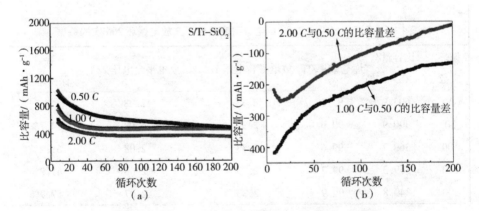

图 4 - 21　(a)长条形 S/Ti - SiO₂ 在不同电流密度条件下的循环性能;
(b)1.00 C 和 2.00 C 相对于 0.50 C 的比容量差值

表 4-3 S/Ti-SiO$_2$ 在 0.50 C 电流密度条件下充放电循环 200 次的数据

循环次数	比容量/(mAh·g^{-1})	库仑效率/%	放电平台电压 1/V	放电平台电压 2/V	容量保持率/%
1	1002.6	95.4	2.32	2.09	—
50	664.8	99.2	2.32	2.05	66.3
100	576.6	99.9	2.32	2.04	57.5
150	526.4	99.9	2.30	2.04	52.5
200	481.8	99.9	2.30	2.03	48.1

表 4-4 S/Ti-SiO$_2$ 在 1.00 C 电流密度条件下充放电循环 200 次的数据

循环次数	比容量/(mAh·g^{-1})	库仑效率/%	放电平台电压 1/V	放电平台电压 2/V	容量保持率/%
1	806.4	90.6	2.34	2.09	—
50	477.7	98.5	2.34	2.09	59.2%
100	472.6	98.9	2.34	2.09	58.6%
150	472.8	99.2	2.34	2.09	58.6%
200	470.8	99.0	2.34	2.09	58.4%

表 4-5 S/Ti-SiO$_2$ 在 2.00 C 电流密度条件下充放电循环 200 次的数据

循环次数	比容量/(mAh·g^{-1})	库仑效率/%	放电平台电压 1/V	放电平台电压 2/V	容量保持率/%
1	603.9	92.6	2.33	2.08	—
50	390.9	99.0	2.33	2.08	64.7%
100	369.7	99.6	2.33	2.08	61.2%
150	369.3	99.7	2.33	2.08	61.2%
200	349.8	99.9	2.33	2.07	57.9%

笔者对两个电池进行了倍率性能测试,结果如图 4-22(a) 所示,短棒形 S/Ti-SiO$_2$ 和长条形 S/Ti-SiO$_2$ 都表现出较好的倍率性能,当电流密度从 0.5 C 逐渐增加至 5.0 C 时,电池的比容量没有出现快速下降,而是连续缓慢下降,说

明电池具有良好的反应动力学特性。短棒形 S/Ti – SiO₂ 在 0.5 C、1.0 C、2.0 C、5.0 C 时的比容量分别为 802.6 mAh · g⁻¹、710.2 mAh · g⁻¹、542.4 mAh · g⁻¹、445.2 mAh · g⁻¹;长条形 S/Ti – SiO₂ 在 0.5 C、1.0 C、2.0 C、5.0 C 时的比容量分别为 867.8 mAh · g⁻¹、764.6 mAh · g⁻¹、566.8 mAh · g⁻¹、474.8 mAh · g⁻¹。当电流密度从 5.0 C 变回 0.5 C 之后,电池的比容量又恢复到接近初始比容量的水平,甚至高于初始比容量。对不同硫含量的长条形 S/Ti – SiO₂ 进行了循环性能测试,如图 4 – 22(b)所示,硫含量分别为 60%、70%、80% 时,1.0 C 条件下的初始比容量分别为 727 mAh · g⁻¹、974 mAh · g⁻¹、548 mAh · g⁻¹,经过 200 次循环,比容量分别保持在 483 mAh · g⁻¹、346 mAh · g⁻¹、313 mAh · g⁻¹,相当于每次循环衰减 0.16%、3.20%、0.21% 的比容量。70% 硫含量的电池由于首次循环比容量较大,因此比容量的衰减率高于其他硫含量的电池。而 80% 硫含量的电池最终的剩余比容量与 70% 硫含量的电池几乎相同,说明硫含量大小对所制备的电池性能影响不大,高硫含量的电池也具有良好的稳定性。以上结果表明,Ti 修饰的介孔 SiO₂ 适用于高硫含量的电池正极载体。

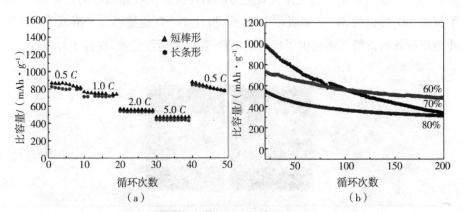

图 4 – 22　(a)短棒形和长条形 S/Ti – SiO₂ 的倍率性能;(b)不同硫含量的
长条形 S/Ti – SiO₂ 在 0.2 C 电流密度条件下的循环性能

4.6.2　S/Ti – SiO₂ 的电化学性能影响因素分析

综上所述,本书制备的长条形 S/Ti – SiO₂ 与短棒形 S/Ti – SiO₂ 均展示出相似的循环性能和倍率性能,而且在硫含量为 80% 时,仍然表现出良好的电化学性能,说明 Ti 修饰 SiO_2 的方法在提高正极载体性能上具有普遍适用性且对材料的形貌没有特定要求。

下面对以上正极载体自身性能与电化学性能的关系进行分析。首先对两种形貌的 $Ti-SiO_2$ 进行了 LiPS 吸附测试。将 $Ti-SiO_2$ 分散于含有 Li_2S_8 的四乙二醇二甲醚溶剂中,其颜色变化如图 4-23(a)所示,加入两种形貌的 $Ti-SiO_2$ 后,溶剂的颜色都从棕黄色变为透明,说明二者对 LiPS 具有较强的吸附能力。对上述溶剂的沉淀物质进行洗涤和收集,采用 XPS 对吸附活性物质进行分析,结果如图 4-23(b)和图 4-23(c)所示。

在未吸附 LiPS 的短棒形 $Ti-SiO_2$ O 1s 的 XPS 图中,位于 529.6 eV、531.7 eV、532.6 eV 处的峰分别对应 Ti—O—Ti、Ti—O—Si、Si—O—Si,其中 Ti—O—Si 的存在证明载体中含有极性键,且 Ti 元素与 O 原子形成单键嫁接在介孔 SiO_2 上,极性的增加其可增强对 LiPS 的吸附。金属元素的修饰引起了电荷密度的非局域化增强,有利于极性物质键的相互吸附。对吸附 Li_2S_4 的样品进行测试,在与 Li_2S_4 混合之后,样品的 Ti 2p XPS 图中出现了额外的位于 456.2 eV 处的 Ti—S,说明所制备的载体具有更多的活性位点。Ti 修饰后的介孔 SiO_2,除了依靠 SiO_2 提供的 Si—S 来吸附 LiPS 外,极性 Ti—O 也能够与 S 形成 Ti—S,因此为所制备的正极载体提供了额外的 LiPS 强吸附活性位点,提高了导电性。

(a)

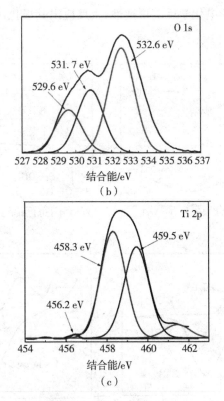

图 4 - 23　(a) 短棒形 Ti - SiO₂(左) 和长条形 Ti - SiO₂(右)

加入含 Li₂S₄ 的溶液不同时间的颜色变化;(b) S/Ti - SiO₂ O 1s 的 XPS 图;

(c) S/Ti - SiO₂ Ti 2p 的 XPS 图

　　笔者对 Ti - SiO₂ 和纯 SiO₂ 进行了对称电池的 EIS 测试,结果如图 4 - 24(a) 所示。从图中可以看出,Ti - SiO₂ 在高频区的半圆直径明显小于未修饰 Ti 的纯 SiO₂,证明所制备的 Ti - SiO₂ 具有更小的电荷转移阻抗和更高的导电性,而且在低频区的斜率更接近于 45°,说明 Ti - SiO₂ 的 Li⁺ 扩散电阻同样小于纯 SiO₂。针对正极载体的润湿性和分散作用,笔者对 Ti - SiO₂ 进行了 FT - IR 测试,并对复合 S 后的 S/Ti - SiO₂ 进行了 CV 测试,结果分别如图 4 - 24(b) ~ (d) 所示。图 4 - 24(b) 中两种形貌的 Ti - SiO₂ 均显示出强烈的—OH 峰,基于前面的讨论得知,其润湿性与表面的官能团紧密相关。从图 4 - 24(c) 和图 4 - 24(d) 中的 CV 曲线可以观察到,除首次循环之外,其余循环次数的氧化还原峰几乎重合,说明正极载体具有较好的电化学反应可逆性,也反应出其极化作用较小。

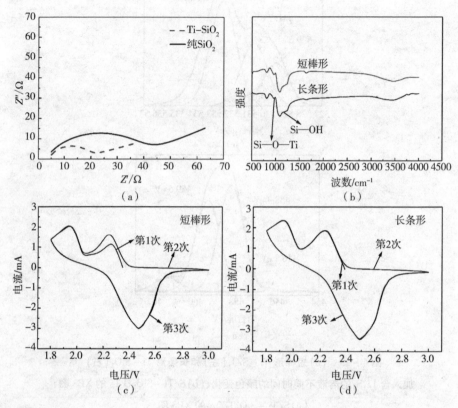

图 4 - 24　(a)纯 SiO_2 和 $Ti-SiO_2$ 的 EIS 曲线;(b)不同形貌的 $Ti-SiO_2$ 的 $FT-IR$ 谱;
(c)短棒形 $S/Ti-SiO_2$ 和(d)长条形 $S/Ti-SiO_2$ 的 CV 曲线

4.7　S/Al、$Sn-SiO_2$ 的制备及其电化学性能研究

　　本节以同样的方法制备了 Al 和 Sn 修饰的介孔 SiO_2,以短棒形介孔 SiO_2 为原材料,经过相同的优化工艺最终得到最高 Al 和 Sn 修饰量的 $M-SiO_2$(M 代表金属元素)。XRD 证明 Al 和 Sn 的最高引入量(M∶Si)分别为 1∶79 和 1∶75。图 4 - 25(a)是 $Al-SiO_2$、$Sn-SiO_2$ 和 $Ti-SiO_2$ 的孔径分布图,证明它们的孔尺寸基本相同。图 4 - 25(b)和图 4 - 25(c)分别是 $Al-SiO_2$ 和 $Sn-SiO_2$ 的 SEM 图,未

观察到 SiO₂ 产生明显的形貌变化。图 4 – 26(d) 和图 4 – 26(e) 分别为 Al – SiO₂ 和 Sn – SiO₂ 的 TEM 图，经过修饰的样品仍然保持了有序的孔结构。图 4 – 26 (f) 的 XRD 谱图也证明引入金属元素后样品仍然具有有序的孔结构。

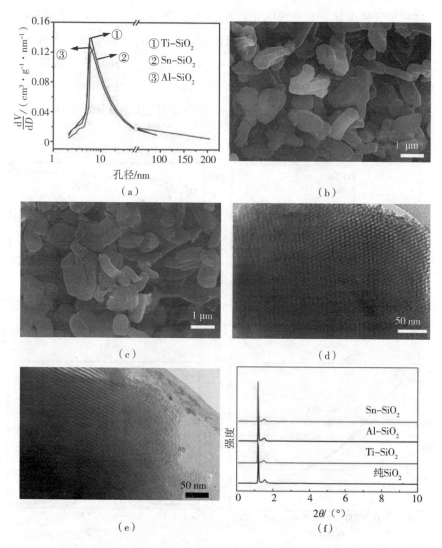

图 4 – 25　(a) M – SiO₂ 的孔径分布；(b) Al – SiO₂ 和 (c) Sn – SiO₂ 的 SEM 图；
(d) Al – SiO₂ 和 (e) Sn – SiO₂ 的 TEM 图；(f) M – SiO₂ 的 XRD 谱图

　　XPS 证明了金属 Al、Sn、Ti 成功引入介孔 SiO_2 中,如图 4 – 26(a)所示,得到的 Si 与 Al、Si 与 Sn 原子比分别为 69.3 和 45.8,这个原子比包括了所有的金属原子,因此存在于表面上的金属原子也包括在内。FT – IR 的测试结果与 Ti 修饰的样品结果相同,都在 948 cm^{-1} 处发现了 Si—O—M,如图 4 – 26(b)所示。为了进一步证明金属元素在 SiO_2 中存在的状态,笔者对 M – SiO_2 进行了UV – vis测试,结果如图 4 – 26(c)所示,从肩峰位置可以判断,所有金属元素在 SiO_2 中均以高度分散的形式存在,证明 Al 和 Sn 成功引入 SiO_2 中。从图 4 – 26 (d)~(f)O 1s 的 XPS 图中可以看出,样品中都存在 Si—O—Si 和 M—O—Si,进一步证明引入的金属元素可以通过 M—O 进行嫁接,从而修饰在 SiO_2 上。

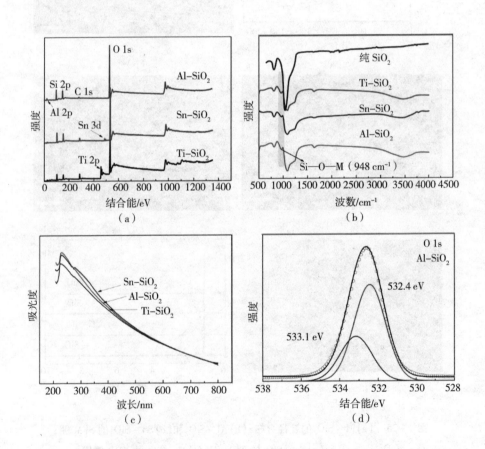

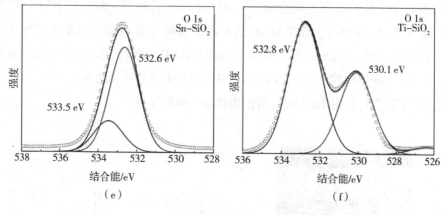

（e）　　　　　　　　　　　（f）

图 4 - 26　M - SiO_2 的(a)XPS 全谱、(b)FT - IR 图、
(c)UV - vis 图和(d) ~ (f)O 1s 的 XPS 图

图 4 - 27 中金属元素修饰后的 O 1s 和 Si 2p 都向更高的能量处移动,说明金属元素的引入对 $[SiO]^{4-}$ 产生了拉伸作用,使电子密度产生偏移,远离四面体中心位置。

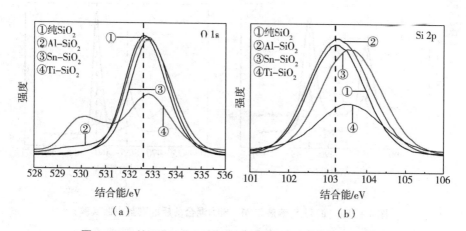

（a）　　　　　　　　　　　（b）

图 4 - 27　纯 SiO_2 、Al - SiO_2 、Sn - SiO_2 和 Ti - SiO_2 的 XPS 图
(a)O 1s;(b)Si 2p

为了测试所制备的 M - SiO_2 对 LiPS 的吸附能力,本章采取相同的小瓶实验进行验证,如图 4 - 28(a)所示。加入不同 M - SiO_2 后溶液由深棕色变为浅黄

色,说明样品对 LiPS 具有吸附能力。对吸附 Li_2S_8 后的 M – SiO_2 进行 XPS 测试,Al 2p 和 Ti 2p 峰均发生高位移动,这是由于金属元素与硫之间发生了化学作用,而吸附 LiPS 后的 Sn – SiO_2 的 Sn 3d 峰向低位移动,推测是 Sn 与 Li 的相互作用强于 Sn—S 导致的。以上结果表明,M – SiO_2 获得了额外的极性中心,金属修饰法对于提高材料对 LiPS 的吸附作用具有普遍适用性。

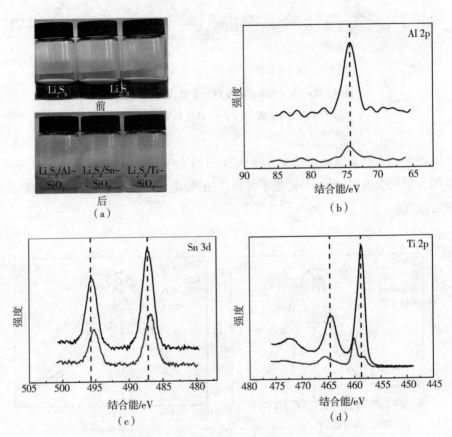

图 4 – 28 (a) Li_2S_8 溶液与 M – SiO_2 混合前后的密封小瓶实验;
(b) Al 2p、(c) Sn 3d 和 (d) Ti 2p 的 XPS 图

在 M – SiO_2 的基础上以熔融浸渍的方法复合硫,得到 S/Al、Sn – SiO_2,对 S/Al – SiO_2 和 S/Sn – SiO_2 进行电化学测试。图 4 – 29 是 0.2 C 条件下两个正极载体的循环性能,循环 10 次之后,二者都得到约 1000 mAh · g^{-1} 的初始比容量,经

过 100 次充放电循环,S/Al – SiO₂ 的比容量逐渐上升,1000 次循环之后,S/Al – SiO₂ 和 S/Sn – SiO₂ 的比容量分别剩余 944.2 mAh · g⁻¹ 和 352.5 mAh · g⁻¹。图 4 – 29(c) 为三种 S/M – SiO₂ 的倍率性能,可以看出比容量都是连续变化的,在 2.0 *C* 电流密度条件下,S/Al – SiO₂、S/Sn – SiO₂ 和 S/Ti – SiO₂ 的比容量分别为 470 mAh · g⁻¹、282 mAh · g⁻¹ 和 573 mAh · g⁻¹,表明它们的反应动力学特性较好。

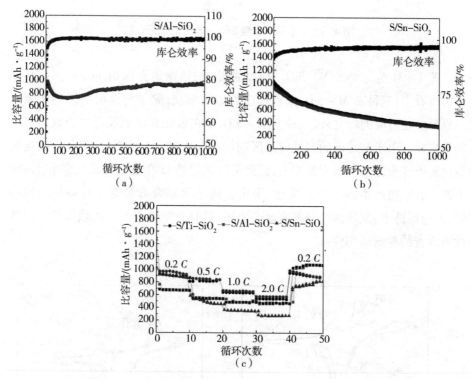

图 4 – 29　(a) S/Al – SiO₂ 和 (b) S/Sn – SiO₂ 在 0.2 *C* 条件下的循环性能;
(c) S/M – SiO₂ 在不同电流密度条件下的循环性能

　　笔者还测试了不同硫含量 S/Al – SiO₂ 的循环性能,结果如图 4 – 30 所示,在 0.5 *C* 条件下循环 200 次,得到了几乎相同的比容量(700 mAh · g⁻¹),说明 S/Al – SiO₂ 在大电流密度条件下具有优异的循环性能。

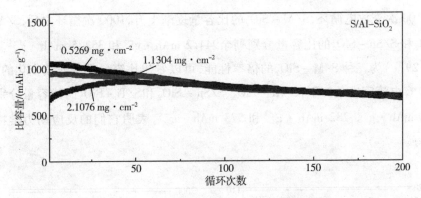

图 4 – 30　不同硫含量 S/Al – SiO₂ 的循环性能

图 4 –31 为三种 S/M – SiO₂ 的 CV 曲线,扫描速率为 0. 01 mV · s⁻¹。从图中可以看出,三种 S/M – SiO₂ 都表现出类似的形状,除了与前面所述的硫氧化还原反应相对应的峰之外,三种 S/M – SiO₂ 都在氧化和还原反应中表现出多余的反应峰。由于与之前的测试样品区别仅在于金属元素的引入,因此判断这对氧化还原峰来源于金属元素修饰,因此可以认为是 Li 在与金属元素相连接的硫中嵌入和脱出产生的。综上所述,采用金属元素修饰方法对于材料初始比容量、电容保持率、反应活性等都有改善作用,具有对锂硫电池 SiO₂ 载体的电化学性能改善的普遍适用性。

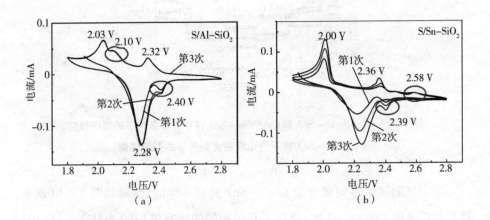

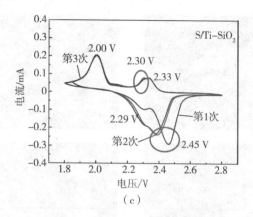

（c）

图 4 - 31　（a）S/Al - SiO_2、（b）S/Sn - SiO_2 和（c）S/Ti - SiO_2

在 0.01 mV · s^{-1} 扫速下的 CV 曲线

　　图 4 - 32 为三种 S/M - SiO_2 的 SEM 图及相应的 EDS 图，Si、O、Al 和 Ti 在 SiO_2 颗粒中均匀分布，与 UV - vis 表征结果相吻合。从图 4 - 32（a）中 Sn 元素的分布可以看出，Sn 元素在颗粒外表面的强度明显比内部的强度高，说明大部分 Sn 分布在 SiO_2 颗粒外表面，但是孔结构内部的 Sn 元素较少，这种分布不均匀的现象与 Sn 原子的半径较大有关，虽然孔的尺寸在 5 nm 左右，但是 SiO_2 在合成过程中还存在一些较小的微孔，尺寸较大的原子仍然很难通过这种微孔进入颗粒内部。

（a）

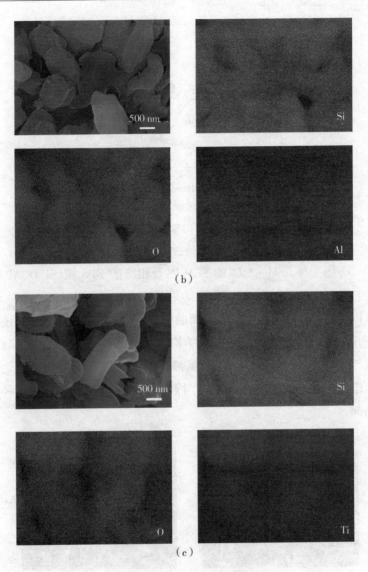

图 4 – 32　三种 S/M – SiO_2 的 SEM 图及相应 EDS 图

(a) S/Sn – SiO_2；(b) S/Al – SiO_2；(c) S/Ti – SiO_2

　　为了证明 Al 和 Ti 连接的状态，笔者采用 STEM 对两种样品进行表征。在 STEM 模式下，样品厚度和元素质量会影响图的亮度。当样品厚度一致时，元素质量大的区域的颜色更亮。在 STEM 图中，暗色条纹代表孔结构，Al 的引入并没有改变亮度分布,图中依然可以明显观察到孔结构。样品表面呈现均匀的亮度分布,说明金属元素均匀地分布在 SiO₂ 内。

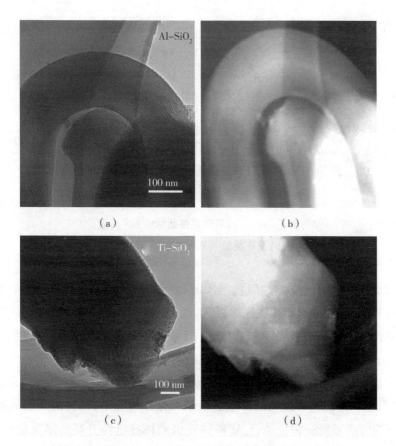

图 4-33　S/Al-SiO₂ 和 S/Ti-SiO₂ 的 TEM 和 STEM 图
(a)、(b) S/Al-SiO₂;(c)、(d) S/Ti-SiO₂

图 4-34(a)为三种 M-SiO₂ 和纯 SiO₂ 的 EIS 测试,三种 M-SiO₂ 在高频区半圆直径明显小于纯 SiO₂ 的半圆直径,说明金属修饰能够提高 SiO₂ 的导电性。另外,从图中还可以看出,Ti-SiO₂ 的半圆直径最小,说明其具有最高的导电性。尽管大原子半径的 Sn 引入量最少,但是也在一定程度上提高了 SiO₂ 的导电性。但是由于 Al 修饰的 SiO₂ 在含量较少的情况下依然具有较好的循环性能,为了进一步解释 S/Al-SiO₂ 优异的循环性能,对循环前后的 S/Al-SiO₂ 进行了 EIS

测试并对比,如图4-34(b)所示,经过1000次充放电循环,S/Al-SiO₂的阻抗明显变小。

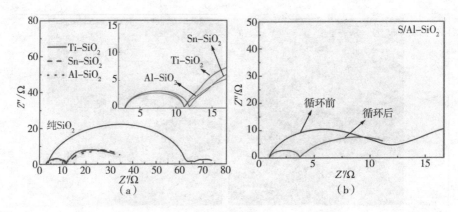

图4-34 (a)不同正极载体的EIS曲线;
(b)循环前后S/Al-SiO₂的EIS曲线

为了进一步验证减小的阻抗的来源,将循环后的电池在手套箱中进行拆解。用DMC溶剂浸泡和冲洗之后,将正极上的复合物进行SEM表征。EDS结果表明,在Al和Ti修饰的正极载体内,Al修饰的正极硫含量几乎不变,说明活性物质损失较少。但是从EDS图中看到,Al修饰正极中的Al元素仍然保持均匀的分布。循环后的S/Ti-SiO₂中,Ti元素发生富集,如图4-35(a)和图4-35(b)所示。推测这种现象的产生是由于在循环过程中,修饰的金属元素发生了部分溶解或重新沉积。结合Al修饰正极载体导电性升高的结果进而得出,金属元素发生了溶解和重新沉积的过程,但是由于Al产生均匀化沉积,而Ti发生聚集,因而导致S/Al-SiO₂获得更高的导电性和更多的LiPS吸附位点,这也能够解释S/Al-SiO₂比S/Ti-SiO₂的循环性能更加优异。另外,从拆开电池的隔膜上也能够看到明显的不同,如图4-35(c)和图4-35(d)所示。循环后S/Al-SiO₂的隔膜仍然保持白色,而S/Ti-SiO₂的隔膜显示出微弱的浅黄色,说明在S/Al-SiO₂中的LiPS几乎没有发生溶解,这就证明了Al-SiO₂能够保证所制备的正极载体具有更好的循环稳定性,其原因有两个:第一,Al引入后在介孔SiO₂内分布均匀且更加稳定,保证了正极载体具有较高的导电性;第二,Al在循环过程中对LiPS具有良好的吸附作用,有效抑制了穿梭效应的发生。综上所述,金属元素修饰能够提高介孔 SiO_2 对 LiPS 的吸附能力,并且提高正极载体的导电性,原理如图 4 – 36 所示。

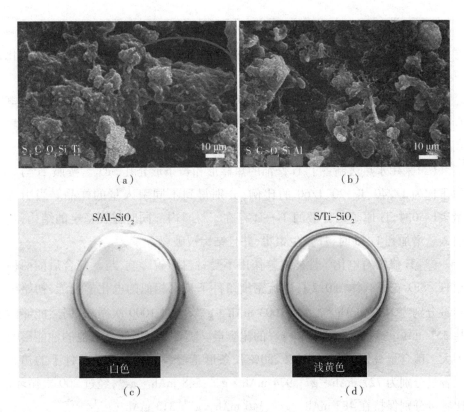

图 4 – 35　循环后的(a) S/Ti – SiO_2 和(b) S/Al – SiO_2 的 EDS 图;
(c) S/Al – SiO_2 和(d) S/Ti – SiO_2 电池颜色比较

图 4 – 36　M – SiO_2 负载硫的原理示意图

4.8　本章小结

本章利用简单的嫁接法在介孔 SiO_2 上修饰金属元素,得到了具有极性和高导电性的 $M-SiO_2$,负载硫后测试复合材料的循环性能和反应速率并分析电化学反应的特点。具体结论如下:

(1)理论计算表明,Ti、Al 和 Sn 三种金属元素修饰的 SiO_2 都具有提高导电性的作用,其中 $Ti-SiO_2$ 嫁接结构具有最小的形成能,并且电荷在 Ti、Si 原子界面产生不均匀的极化现象,可以提高对 LiPS 的吸附能力。

(2)采用水热法制备了 Ti 修饰的短棒形和长条形介孔 SiO_2。按照 Ti 与 Si 原子比为 1/240、1/120、1/60 的比例,分别得到不同引入量的样品。当引入量≤1/50时,Ti 原子以分散的 Ti—O 存在于材料内部同时保证稳定的结构;当引入量增加到 1/40 时,Ti 发生聚集,并且结构被破坏。

(3)Ti 修饰对电化学性能改善作用不受材料形貌影响,与 S 复合后的两种 $S/Ti-SiO_2$ 正极载体在 0.2 C 电流密度条件下具有相似的电化学性能,初始比容量分别为 1027 mAh·g^{-1} 和 1003 mAh·g^{-1},经过 1000 次循环,仍然能够保持 352 mAh·g^{-1} 和 443 mAh·g^{-1} 的比容量。硫含量对所制备电池的性能影响不大。硫含量分别为 60%、70%、80% 长条形正极载体在 1.0 C 条件下的初始比容量分别为 727 mAh·g^{-1}、974 mAh·g^{-1}、548 mAh·g^{-1},经过 200 次循环,比容量分别保持在 483 mAh·g^{-1}、346 mAh·g^{-1}、313 mAh·g^{-1}。

(4)Al、Sn 修饰的介孔 SiO_2 也表现出增强的 LiPS 吸附能力和导电性,得到了较好的电化学性能,尤其是 $S/Al-SiO_2$ 正极,具有较好的循环性能和倍率性能。

第5章 Ti₃C₂ MXene 正极载体的氧化修饰对锂硫电池电化学性能的影响

5.1 引言

第 4 章中以 Ti – SiO₂作为改进的载体材料,减少了石墨烯包覆的步骤,不仅提高了导电性,还增加了可吸附 LiPS 的 Ti—O 活性位点,在提高正极载体的载硫量和稳定性方面具有明显作用,但是其初始比容量较低,与追求高比容量的目标仍然存在一定距离,另外 Ti—O 极性吸附中心的数量和稳定性仍然具有局限性。因此本章继续探索具有更高导电性和稳定 Ti—O 吸附位的载体材料。

人们通过研究发现,MXene 作为一种类石墨烯的二维材料具有很高的导电性。它是由 MAX 相衍生出来的新型材料,其中 MAX 相中的 M 代表过渡金属,A 代表第三或第四主族元素,X 代表 C、N 元素。MAX 相的化学通式有 $M_{n+1}AX_n$ 和 $M_{n+1}X_nT_x$ 两种形式,其中 T 代表表面的官能团。将 MAX 相中的 A 元素去除就得到了具有二维层状结构的 MXene 材料,去除方法一般有热蒸发和酸刻蚀两种。由于 MXene 材料在酸刻蚀过程中产生的悬键被官能团占据,所以得到的二维材料表面大多含有极性的—OH、—F等基团。Ti₃C₂ 的 MXene 相(Ti₃C₂ene),在锂硫电池上的应用较为广泛。经过刻蚀得到的 Ti₃C₂ene 一般呈现出类似手风琴的形貌,为了得到更大的比表面积,会利用化学试剂或者超声方法将纳米片层剥离,但这些纳米片层在应用过程中又容易叠聚,因此往往需要与其他物质如 CNT、GO 等混合,过程较为烦琐。

基于以上讨论,本章结合 T—O 极性的强吸附力和 Ti₃C₂ene 的高导电性双重优点制备了钛氧化物(Ti_xO_y)在 Ti₃C₂ene 上原位生长的复合载体材料

（$Ti_3C_2O_x$）。这种复合材料既利用了 Ti_3C_2ene 的高导电性和大比表面积，又结合了 Ti_xO_y 的高活性和对 LiPS 的吸附能力。原位生长的 Ti_xO_y 可以保证Ti_3C_2ene 大比表面积的同时保持手风琴形貌，无须进行纳米层剥离。因为原位生长的 Ti_xO_y 颗粒可以有效将片层打开并防止片层叠聚。另外，手风琴形貌可以缓解活性物质的体积膨胀，相对于剥离的纳米片可以获得更好的固硫效果。其制备流程如图 5 - 1 所示。首先利用酸刻蚀 Ti_3AlC_2 得到手风琴状的 Ti_3C_2ene，再利用快速氧化的处理方式在 Ti_3C_2ene 片层上原位生长 Ti_xO_y，最后再通过化学沉积及熔融浸渍方式与硫复合，最终得到了 S/$Ti_3C_2O_x$正极载体。

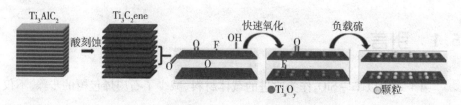

图 5 - 1　$Ti_3C_2O_x$作为锂硫电池正极载体材料的制备流程图

5.2　Ti_3C_2ene 的制备与表征

Ti_3AlC_2原料均采用热压烧结方法制备，然后采取酸刻蚀的方法制备手风琴状的 Ti_3C_2ene。

5.2.1　Ti_3AlC_2的合成

以 Ti 粉、Al 粉和 C 粉为原料，按照 3∶1∶2 的物质的量比混合并且预压成块体。采用热压烧结的方法制备 Ti_3AlC_2，并经过强力研磨获得 Ti_3AlC_2 粉末。原材料的形貌如图 5 -2 所示。

图 5-2　原始材料的 SEM 图
(a)石墨;(b)钛;(c)铝粉

　　在烧结 Ti₃AlC₂之前对实验进行热力学计算。通过自由焓与温度关系可知式(5-1)至式(5-6),反应生成焓 ΔH 决定了化学反应能否自发进行。ΔG_T^0 越低,生成物的热力学稳定性越高。通过查询热力学参数表代入公式,可以计算出反应的吉布斯自由能,结果如表 5-1 所示,将表中的数据绘制成 ΔG 与温度 T 的变化关系图,如图 5-3 所示。从图中可以看出所有反应均可以发生,其中反应(1)、反应(2)和反应(5)在 Al 达到熔点时开始生成 Ti 与 Al 的化合物,而反应(4)由于自由能逐渐变大而逐渐减慢。结合以上结果,反应(3)生成的 Al₄C₃继续与 Ti 反应生成 Ti 和 C 的化合物,同时产生一定的 Al 混合物。所以高温时只剩下 TiC 和 TiAl 之间发生的反应(7),最终生成 Ti₃AlC₂。

$$d\left[\frac{\Delta G_T^0}{T}\right] = -\frac{\Delta H_T^0}{T^2 dT} \tag{5-1}$$

式中，ΔH_T^0——反应热效应；

T——热力学温度。

其中 ΔH_T^0 可由基尔霍夫公式得到：

$$d\Delta H_T^0 = \Delta C_P dT \tag{5-2}$$

式中，C_P——不同相的等压比热容。

反应自由能 ΔG_T^0 可以表示为：

$$\Delta G_T^0 = \Sigma \Delta G_{product} - \Sigma \Delta G_{reactant} \tag{5-3}$$

另外根据式(5-4)可知：

$$G = H - TS \tag{5-4}$$

式(5-3)又可以变为：

$$\Delta G_T^0 = \Sigma \Delta H_0 - T\Sigma \Delta S_0 + \sum \int_{298}^{T} \Delta C_P dT - \sum \int \Delta C_P\, T^{-1} dT \tag{5-5}$$

$$\Delta H = \Delta H_0 + \int_{T_0}^{T_m} C_{P1} dT + f\Delta H_m + \int_{T_m}^{T} C_{P2} dT \tag{5-6}$$

式中，H_0 和 S_0——标准自由焓和标准熵。

$$Ti + Al \longrightarrow TiAl \tag{1}$$

$$Ti + 3Al \longrightarrow TiAl_3 \tag{2}$$

$$4Al + 3C \longrightarrow Al_4C_3 \tag{3}$$

$$2Al_4C_3 + 9Ti \longrightarrow 3Ti_3C_2ene + 8Al \tag{4}$$

$$TiAl_3 + 2Ti \longrightarrow 3TiAl \tag{5}$$

$$3Ti + 2C \longrightarrow Ti_3C_2ene \tag{6}$$

$$2TiC + TiAl \longrightarrow Ti_3AlC_2 \tag{7}$$

表 5 - 1　不同温度下的反应自由能

单位:kJ·mol⁻¹

T/K	$\Delta G(1)$	$\Delta G(2)$	$\Delta G(3)$	$\Delta G(4)$	$\Delta G(5)$	$\Delta G(6)$
298	-70.81	-135.99	-179.28	-362.13	-76.44	-180.47
400	-70.10	-133.84	-176.56	-361.19	-76.58	-179.25
600	-68.92	-129.67	-171.27	-359.94	-77.09	-177.07
800	-67.76	-125.41	-165.82	-359.27	-77.87	-175.03
1000	-65.75	-118.46	-156.69	-362.22	-78.79	-172.97
1200	-61.92	-106.41	-140.94	-370.98	-79.35	-170.64
1400	-57.53	-93.70	-124.87	-378.29	-78.89	-167.72
1600	-53.18	-80.97	-108.67	-385.79	-78.57	-164.82

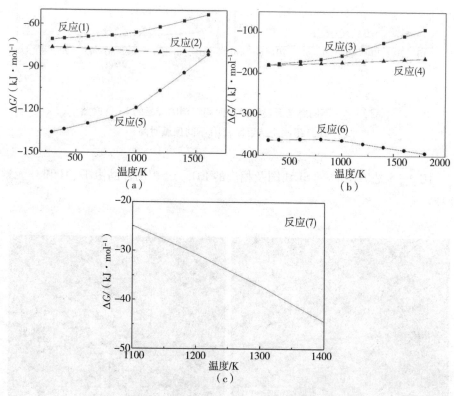

图 5 - 3　不同反应的 ΔG 与温度的关系图

最终确定的 Ti、Al、C 按照物质的量比为 3∶1∶2 球磨混料 24 h 后,压成 Φ13 mm×8 mm 的圆柱形小块进行热压烧结。烧结温度在 1350~1450 ℃ 范围内,保温时间为 1~4 h。烧结气氛为氩气,压力为 0.1 MPa,升温速率为 5 ℃·min^{-1},得到样品的 XRD 谱图如图 5-4 所示。在 1450 ℃ 保温 1 h 得到的产物出现了 TiC 和 Al$_2$O$_3$ 的峰,在此温度延长保温时间,得到图 5-4(b) 的物相,经过分析确定为 Ti$_3$AlC$_2$ 相。

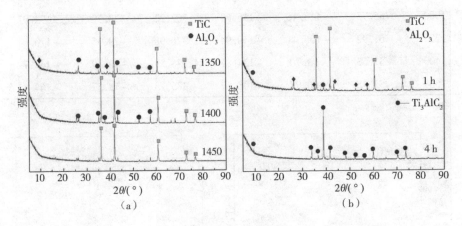

图 5-4 不同烧结温度和保温时间得到的样品的 XRD 谱图
(a) 不同烧结温度;(b) 不同保温时间

图 5-5 是 Ti$_3$AlC$_2$ 的 SEM 图及相应的 EDS 图,表明样品由 Ti、Al 和 C 元素组成。

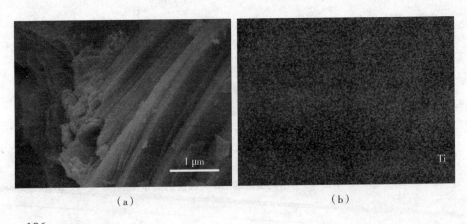

图 5 - 5　Ti₃AlC₂ 的 SEM 图及相应的 EDS 图

(a)Ti₃AlC₂ 的 SEM 图;(b)Ti 元素;(c)Al 元素;(d)C 元素

5.2.2　Ti₃C₂ene 的制备与表征

在室温下,采用 HF 浓溶液(48%)对 Ti₃AlC₂ 进行酸刻蚀,将 Al 从Ti₃AlC₂中刻蚀掉,只剩下以 Ti₃C₂ 为单体的二维材料,由于刻蚀过程中无法达到层间的完全剥离,刻蚀后的 Ti₃C₂ 形貌呈现手风琴状。将研磨好的 Ti₃AlC₂ 粉末缓慢加入盛有过量 HF 的塑料烧杯中,期间会不断冒出气泡,待气泡不再连续冒出,代表反应速率变缓。将烧杯口封住,继续浸泡40 h 以上,倒掉 HF 上清液,将剩余粉末离心并清洗至中性,得到的黑色粉末就是Ti₃C₂ene。对刻蚀前后的样品进行 XRD 和 SEM 测试,结果如图 5 - 6 所示。刻蚀后 Ti₃AlC₂ 的(002)、(004)和(008)衍射峰位置左移且宽化,说明 Ti₃AlC₂ 在 c 轴方向发生结构膨胀,这是因为 Al 在被刻蚀掉的过程中,层间结构力被破坏并连接了官能团导致间距变大。根据(002)衍射峰的位置,可以计算出层间距为1.98 nm。从图 5 - 6(b)的 SEM 图中可以观察到手风琴的形貌,插图是整个Ti₃C₂ene 颗粒,在每个大的片层中都存在缝隙,一旦硫浸渍到缝隙中,片层结构也可以起到对硫的限制作用。每一个大片层都是由许多小片层组成的,图5 - 6(c)是其中一个片层的 TEM 图,可以清楚地看到这种多层结构。从图 5 - 6(d)的 HRTEM 图中可以观察到每一片层的原子层结构,经过测量得出 Ti₃C₂ene 的层间距约为 1.92 nm。另外,在 TEM 图和 HRTEM 图中都观察到了一种无定形的层状物质在 Ti₃C₂ene 纳米片周围,推测这层无定形物质为碳材料,有文献证明采用 HF 刻蚀得到的 Ti₃C₂ene

会同时产生碳层。

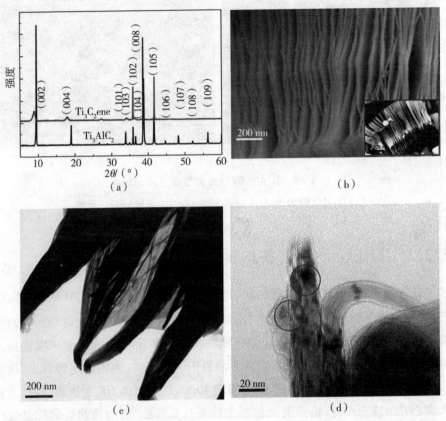

图 5-6　(a) Ti$_3$AlC$_2$ 和 Ti$_3$C$_2$ene 的 XRD 谱图；
(b) Ti$_3$C$_2$ene 的 SEM 图，插图为整个 Ti$_3$C$_2$ene 颗粒；
(c) Ti$_3$C$_2$ene 的 TEM 图；(d) Ti$_3$C$_2$ene 的 HRTEM 图

　　为了验证这个推测，笔者对 Ti$_3$C$_2$ene 进行了 Raman 测试，结果如图 5-7 所示。除了位于 800 cm^{-1} 之前的几个对应于 Ti$_3$C$_2$ene 和 Ti—O 的峰之外，还观察到了代表碳材料的 D 峰和 G 峰，说明 Ti$_3$C$_2$ene 中确实有碳材料，这是由于在刻蚀过程中，除了 Al 原子可以被刻蚀掉，还有部分 Ti 也与 HF 酸反应，从而在内部形成碳层。

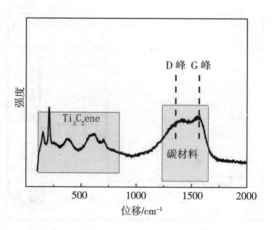

图 5 - 7　Ti₃C₂ene 的 Raman 谱图

采用 FT - IR 对 Ti₃C₂ene 的表面官能团进行表征,结果如图 5 - 8 所示,Ti₃C₂ene 的表面含有—OH 等官能团。

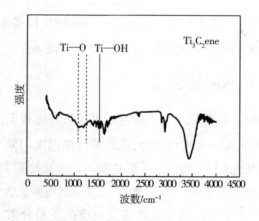

图 5 - 8　Ti₃C₂ene 的 FT - IR 图

图 5 - 9 是对所制备的 Ti₃C₂ene 进行的 XPS 测试,结果也证明了 Ti、C、O、F 元素的存在。

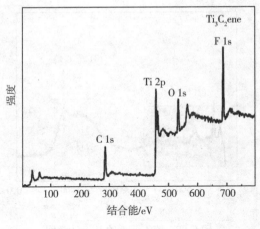

图 5 – 9 Ti$_3$C$_2$ene 的 XPS 图

5.3 S/Ti$_3$C$_2$ene 的制备与电化学性能研究

本书采用两种方法制备 S/Ti$_3$C$_2$ene，并对得到的正极载体进行电化学性能测试，研究复合方式对硫分散状态以及电化学性能的影响。

5.3.1 S/Ti$_3$C$_2$ene 的制备

（1）熔融浸渍法。首先采用简单的熔融浸渍法将硫和 Ti$_3$C$_2$ene 进行复合。将 Ti$_3$C$_2$ene 和升华硫按一定比例混合，在硫的熔融温度（158 ℃）下持续保温，然后在硫的升华温度（300 ℃）下短暂热处理，蒸发掉颗粒之间残留的硫。Ti$_3$C$_2$ene 与硫的质量比设置为 1∶1、1∶2、1∶3，以得到不同硫含量的 S/Ti$_3$C$_2$ene。对 S/Ti$_3$C$_2$ene 进行热重分析测试以准确测定硫的质量分数，如图 5 – 10 所示。根据热重曲线可以得出 Ti$_3$C$_2$ene 在 500 ℃ 的失重为 4%，对 S/Ti$_3$C$_2$ene 在该温度下的总质量损失进行计算，得出硫的质量分数分别为 11%、47% 和 66%，将三种不同硫含量的复合材料分别命名为 S/Ti$_3$C$_2$ene – 1、S/Ti$_3$C$_2$ene – 2、S/Ti$_3$C$_2$ene – 3。

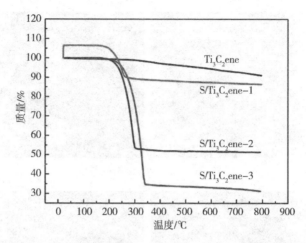

图 5 - 10　不同硫含量的 S/Ti₃C₂ene 和 Ti₃C₂ene 的热重曲线

　　从 S/Ti₃C₂ene - 1、S/Ti₃C₂ene - 2、S/Ti₃C₂ene - 3 与 Ti₃C₂ene 的 SEM 图中可以看出,S/Ti₃C₂ene - 3 的孔结构几乎被填满,而 S/Ti₃C₂ene - 2 的大部分小孔被填充,如图 5 - 11(a)和图 5 - 11(b)所示,但是还剩余很多缝隙没有被填充或者呈半填充状态,S/Ti₃C₂ene - 1 的表面看不到明显的填充,如图 5 - 11(c)所示,但是在相应的 EDS 图中可以看出,S/Ti₃C₂ene - 1 中含有一定量的硫,并且硫在孔隙内均匀分散,形成条纹形的分布。通过 Raman 谱图(图 5 - 12)也可以看出,即使硫含量最少的 S/Ti₃C₂ene - 1 仍然反映出 S 的特征峰,更加明确地说明硫的成功浸渍。

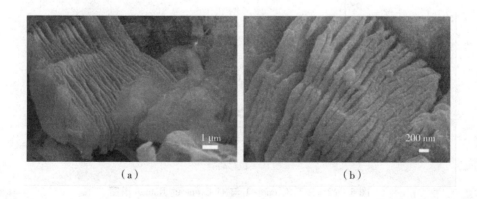

(a)　　　　　　　　　　　　　　　　(b)

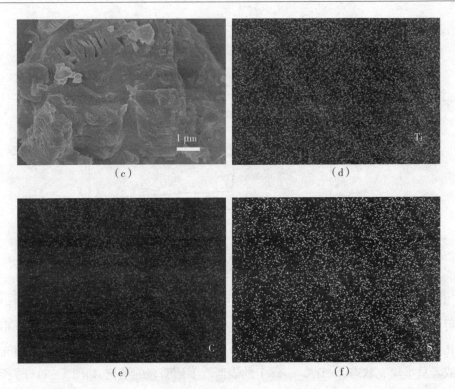

图 5 – 11　（a）S/Ti$_3$C$_2$ene – 3、（b）S/Ti$_3$C$_2$ene – 2 和（c）S/Ti$_3$C$_2$ene – 1 的 SEM 图
及相应的 S/Ti$_3$C$_2$ene – 1 的 EDS 图，（d）Ti；（e）C；（f）S

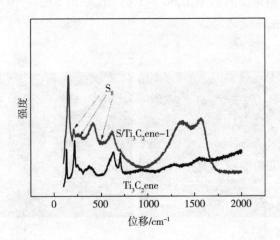

图 5 – 12　S/Ti$_3$C$_2$ene – 1 与 Ti$_3$C$_2$ene 的 Raman 谱图

（2）水浴法。由于 Ti_3C_2ene 在刻蚀过程中表面形成了很多—F 和—OH 等官能团,利用这一特性,官能团与阴离子在溶液中相互作用,可以在 Ti_3C_2ene 表面获得更均匀的硫沉积,从而得到 S/Ti_3C_2ene。本节采用 $Na_2S_2O_3 \cdot 6H_2O$ 和 HCl 在 Ti_3C_2ene 的—F 终端原位形核制备 S/Ti_3C_2ene,由于 Ti_3C_2ene 中—F 基团的含量是确定的,因此水浴法可得到的硫含量也是大致相同的。将 Ti_3C_2ene（0.50 g）和 $Na_2S_2O_3 \cdot 6H_2O$（2.52 g）在去离子水中分散,水浴加热至 35 ℃,磁力搅拌分散 1 h,直到悬浊液呈现出轻微的黏稠状。当温度恢复至室温后将 240 mL（2 mol $\cdot$ L^{-1}）HCl 溶液逐滴加入以上悬浊液中继续磁力搅拌 3 h,自然沉降后,将上清液倒入废液桶内,剩余粉末用去离子水和酒精反复洗涤至中性,50 ℃干燥后得到 S/Ti_3C_2ene。为确定 S/Ti_3C_2ene 中活性物质硫的质量分数,笔者对其进行了热重测试,如图 5 - 13（a）所示。根据 Ti_3C_2ene 的热重曲线,500 ℃时的失重为 4%,再利用在 500 ℃的残留量,即可得到 S/Ti_3C_2ene 中硫的质量分数为 48%。对反应前后的 S/Ti_3C_2ene 进行了 FT - IR 测试,结果如图 5 - 13（b）所示,与 Ti_3C_2ene 对比,Ti—F 峰和—OH 峰相对强度减弱,并且在硫的特征峰区出现了一个新峰,说明通过水浴法也可以将硫渗入 Ti_3C_2ene 层内。

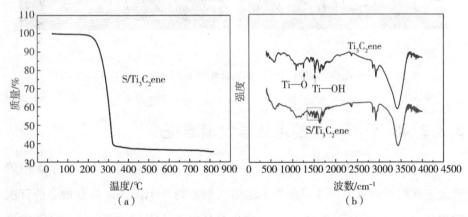

图 5 - 13　（a）水浴法合成的 S/Ti_3C_2ene 的热重曲线;
（b）S/Ti_3C_2ene 和 Ti_3C_2ene 的 FT - IR 图

S/Ti_3C_2ene 的 SEM 图如图 5 - 14 所示,从图中可以看出,S/Ti_3C_2ene 孔隙表面没有明显聚集的硫颗粒,在相应的 EDS 图中可以发现硫同样按照空隙条纹均匀分布。

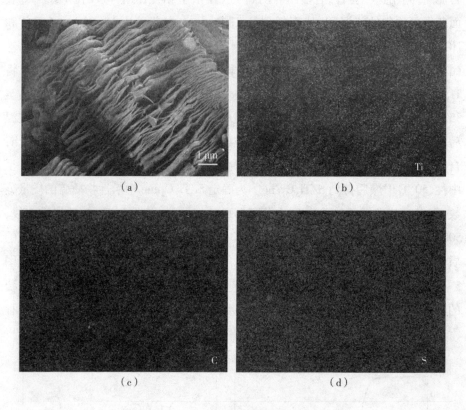

（a） （b）

（c） （d）

图 5 – 14　S/Ti$_3$C$_2$ene 的（a）SEM 图以及相应的 EDS 图,（b）Ti;（c）C;（d）S

5.3.2　S/Ti$_3$C$_2$ene 的电化学性能表征

笔者对两种方法制备的 S/Ti$_3$C$_2$ene 进行了电化学测试。从图 5 – 15 中的充放电曲线可以看出,0.1 C 条件下水浴法制备的 S/Ti$_3$C$_2$ene 具有最高的首次放电比容量,达到 1670 mAh · g^{-1}。这主要是由于 S/Ti$_3$C$_2$ene 中的硫分散性更好、与电解液接触面积更大,因此首次放电反应较为彻底。采用熔融浸渍法制备的 S/Ti$_3$C$_2$ene 首次放电比容量分别为 1410 mAh · g^{-1}、1400 mAh · g^{-1} 和 1300 mAh · g^{-1} 左右。同时发现,通过熔融浸渍法制备的 S/Ti$_3$C$_2$ene,分别在 2.05 V 和 2.35 V 附近有两个相似的放电平台,对应硫的逐步还原过程。而采用水浴法制备的 S/Ti$_3$C$_2$ene 具有稍低的放电平台,大约位于 2.00 V 和 2.20 V,且放电平台更长、更明显,这是由于部分硫代硫酸离子没有被完全消耗,这部分离子能够与长链的 LiPS 进行反应,将其转化为短链的 Li$_2$S$_2$ 和 Li$_2$S。所以吸附 Li$^+$ 的速率变快,相对于熔融浸渍法制备的 S/Ti$_3$C$_2$ene 平台期间可获得的比容量更高。但是水浴法制备的 S/Ti$_3$C$_2$ene,首次充电比容量明显小于放电比容量,说明有部分 Li$^+$ 发生了不可逆的反应,无法完全返回负极,导致首次效率偏低。

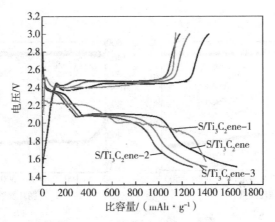

图 5 - 15　不同方法制备的 S/Ti$_3$C$_2$ene 的充放电曲线

图 5 - 16 是两种方法制备的 S/Ti$_3$C$_2$ene 的循环性能对比,从图中可以看出,除首次以外,经过较长的循环,电池的库仑效率都能够保持 95% 以上,说明所制备的 S/Ti$_3$C$_2$ene 具有良好的可逆性。在 0.2 C 的电流密度条件下,水浴法制备的 S/Ti$_3$C$_2$ene 具有最高的初始放电比容量(1600 mAh · g^{-1}),已经接近于理论比容量,但是经过 500 次循环,比容量剩余 480 mAh · g^{-1},电容保持率仅为 29.6%,电池的比容量下降较快,如图 5 - 16(a)所示。如图 5 - 16(b) ~ (d)所示,通过熔融浸渍法制备的 S/Ti$_3$C$_2$ene,S/Ti$_3$C$_2$ene - 1、S/Ti$_3$C$_2$ene - 2 和 S/Ti$_3$C$_2$ene - 3 的初始比容量都低于水浴法制备的复合材料,其中 S/Ti$_3$C$_2$ene - 2 的比容量稍高,但是在随后的几个循环中又降低到与其他两个电池相当的水平。S/Ti$_3$C$_2$ene - 1 和 S/Ti$_3$C$_2$ene - 3 的初始比容量均为 700 mAh · g^{-1} 左右。经过 500 次循环,三种电池的比容量分别保持在 318 mAh · g^{-1}、259 mAh · g^{-1}

和 258 mAh·g^{-1}。S/Ti$_3$C$_2$ene-1 和 S/Ti$_3$C$_2$ene-2 都表现出良好的循环性能，其中 S/Ti$_3$C$_2$ene-2 在循环 900 次后，比容量仍保持在 291 mAh·g^{-1}。虽然相比于初始比容量下降较多，但是在循环 30 次以后，比容量几乎保持不变。这与 Ti$_3$C$_2$ene 表面存在的官能团有着直接联系，数量有限的—OH 只能保证与其相匹配的 LiPS 吸附量，所以当产生过多的 LiPS 时就会发生严重的穿梭效应，但是对于硫含量相对较少的 S/Ti$_3$C$_2$ene-1 和 S/Ti$_3$C$_2$ene-2，表面的—OH 能够起到很好的化学吸附作用，因此可以保持良好的循环性能。另外，水浴法制备 S/Ti$_3$C$_2$ene 过程中消耗大量表面官能团，也是导致其循环性能较差的主要原因。

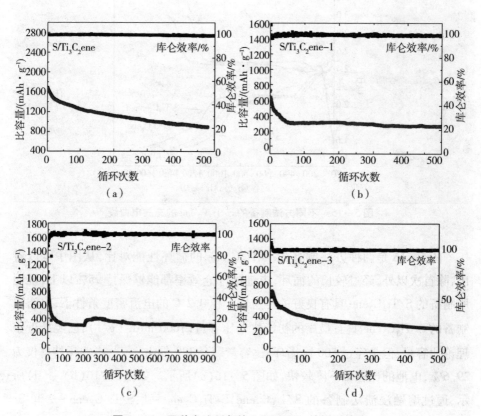

图 5-16 两种方法制备的 S/Ti$_3$C$_2$ene 的循环性能

(a) S/Ti$_3$C$_2$ene；(b) S/Ti$_3$C$_2$ene-1；(c) S/Ti$_3$C$_2$ene-2；(d) S/Ti$_3$C$_2$ene-3

5.4　Ti$_x$O$_y$ – Ti$_3$C$_2$ene 的制备与表征

　　由前所述,Ti$_3$C$_2$ene 载体虽然为硫提供了良好的导电性和一定的化学吸附能力,但是在电化学性能测试结果中可以看出,直接利用 Ti$_3$C$_2$ene 作为硫载体的正极具有较低的比容量,其性能仍然不能满足实际应用的需求。本节结合 Ti$_3$C$_2$ene 自身特点,利用快速氧化 Ti$_3$C$_2$ene 的方法,在 Ti$_3$C$_2$ene 上原位生长具有更高 LiPS 吸附能力和反应活性的钛氧化物(Ti$_x$O$_y$),进而提高电池的循环性能。

　　Ti$_x$O$_y$ – Ti$_3$C$_2$ene 材料(简写为 Ti$_3$C$_2$O$_x$)的制备工艺简单,可重复性好。将 Ti$_3$C$_2$ene 粉末置于 Ar 保护的管式炉内,以 5 ℃ · min^{-1} 的升温速率分别升高至 200 ℃、500 ℃ 和 800 ℃,快速关掉气体开关,同时打开管式炉两边的法兰,使空气流入,在这种 O$_2$ 气流的冲击下,Ti$_3$C$_2$ene 在高温中快速与 O$_2$ 反应。在 5 min 内快速移出盛有 Ti$_3$C$_2$ene 粉末的坩埚,自然降至室温后,就得到了 Ti$_3$C$_2$O$_x$,将在三种温度中得到的材料分别命名为 200 – Ti$_3$C$_2$O$_x$、500 – Ti$_3$C$_2$O$_x$ 和 800 – Ti$_3$C$_2$O$_x$。

　　图 5　17 为 Ti$_3$C$_2$ene、200 – Ti$_3$C$_2$O$_x$、500 – Ti$_3$C$_2$O$_x$ 和 800 – Ti$_3$C$_2$O$_x$ 的 SEM 图,从图中可以看出随着氧化温度升高,Ti$_3$C$_2$ene 的层内有明显的颗粒状物质,且颗粒的尺寸明显增大,颗粒的数量也逐渐增多,尤其是 800 – Ti$_3$C$_2$O$_x$ 表面变得非常粗糙。另外,氧化后材料的层间距明显增加,这是纳米片层内逐渐生成的 Ti$_x$O$_y$ 粒度增加、数量增多导致的。氧化物的生成使得原本紧凑的 Ti$_3$C$_2$ene 层逐渐被打开,而且这种原位生长的氧化物与 Ti$_3$C$_2$ene 结合更加稳定,因此在电化学反应过程中仍然可以保持稳定连接,避免纳米层叠聚,从而获得更大的活性表面和稳定的循环性能。

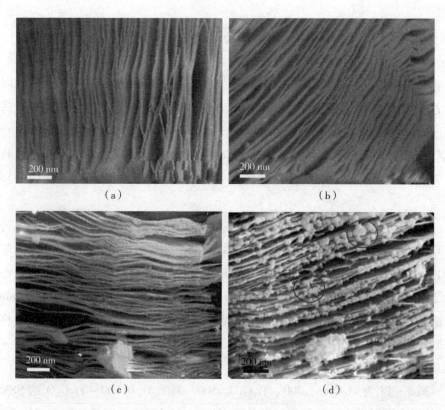

图 5 – 17　不同材料的 SEM 图

$(a)\,Ti_3C_2ene;(b)\,200 – Ti_3C_2O_x;(c)\,500 – Ti_3C_2O_x;(d)\,800 – Ti_3C_2O_x$

　　SEM 图可以反映片层边缘氧化物颗粒的形貌,为了观察片层上的氧化情况,笔者对 $Ti_3C_2O_x$ 进行了超声处理。在超声处理过程中,会有少量颗粒从片层中剥落,经过离心,取上层液进行 TEM 制样。从 TEM 图中可以观察到,氧化物颗粒不仅存在于片层边缘,还会生长在片层表面(图 5 – 18)。正因如此,氧化后材料的比表面积会增大,从而提供稳定的大比表面积和狭缝,促进电化学反应并提高硫的限制能力。

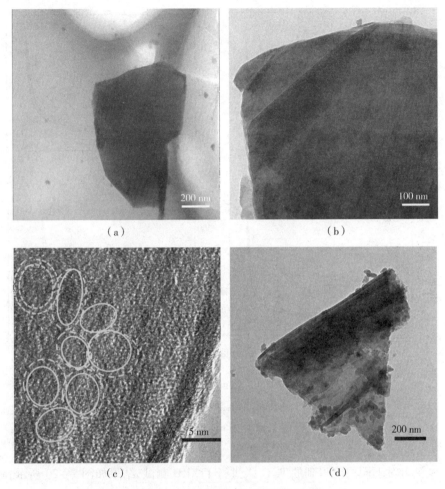

图 5 - 18　不同材料片层的 TEM 图

(a) Ti_3C_2ene；(b) $200 - Ti_3C_2O_x$；(c) $500 - Ti_3C_2O_x$；(d) $800 - Ti_3C_2O_x$

　　笔者对所制备的材料进行氮气吸附－脱附测试,来验证随氧化温度升高 $Ti_3C_2O_x$ 表面积的变化趋势。图 5 - 19 为 Ti_3C_2ene、$200 - Ti_3C_2O_x$、$500 - Ti_3C_2O_x$ 和 $800 - Ti_3C_2O_x$ 的氮气吸附－脱附等温曲线,可以看出所有材料的氮气吸附－脱附等温曲线均表现出明显的回滞环,说明材料具有一定的空隙结构,并且曲线重叠的部分对应的压强随氧化温度升高逐渐增加,说明材料的孔在逐渐增加,与 SEM 得到的结果相符。

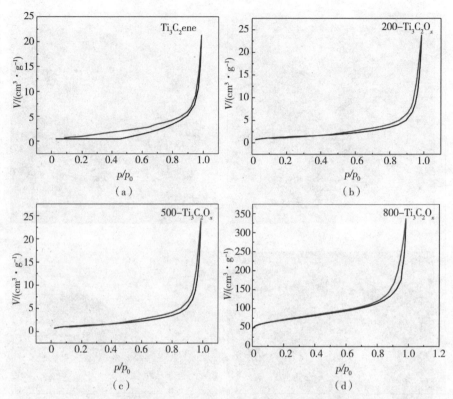

图 5 – 19　不同材料的氮气吸附 – 脱附等温曲线

（a）Ti_3C_2ene；（b）$200 – Ti_3C_2O_x$；（c）$500 – Ti_3C_2O_x$；（d）$800 – Ti_3C_2O_x$

　　笔者对不同温度得到的 $Ti_3C_2O_x$ 进行了 XRD 测试，结果如图 5 – 20 所示，随着温度升高，物相由 Ti_3C_2ene 转变为 Ti_xO_y 与 Ti_3C_2ene 的混合相。200 ℃ 时 Ti_xO_y 主要是 TiO 和 Ti_3O_5；500 ℃时主要是 Ti_6O_{11} 以及少量的 Ti_4O_7；800 ℃时是纯的 TiO_2 金红石相。说明随着温度升高，生成的氧化物由亚化学计量的 Ti_nO_{2n-1} 逐渐向饱和的 TiO_2 过渡。因为逐渐升高的温度和延长的热处理时间激发了越来越多的活性的氧与 Ti 反应，导致氧化程度逐渐增加。

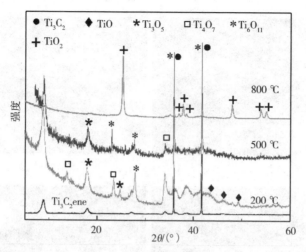

图 5 - 20　Ti₃C₂ene、200 - Ti₃C₂Oₓ、500 - Ti₃C₂Oₓ
和 800 - Ti₃C₂Oₓ 的 XRD 谱图

笔者对不同氧化温度的材料进行了 TEM 测试。图 5 - 21(a)为 Ti₃C₂ene 的 HRTEM 图,可以看到纳米片层规则有序地排列,层间距约为 0.94 nm。图 5 - 21(b)为 500 - Ti₃C₂Oₓ 的 HRTEM 图,该材料的片层结构类似于 Ti₃C₂ene 的片层结构,总体上保持着平行的排列结构,但是规整度稍微下降,另外片层上生成具有明显界限分割的小晶粒,其晶粒的放大图如图 5 - 21(c)所示,晶粒的晶面间距为 0.23 ~ 0.36 nm 不等,符合 Ti₆O₁₁ 和 TiO₂ 的晶面距离。在每个晶粒的边缘都包裹着一层无定形物质,推测为从 Ti₃C₂ene 转变成 Ti₃C₂Oₓ 的过程中被剥离出来的无定形碳。从 800 - Ti₃C₂Oₓ 的 TEM 图中观察到尺寸较大、数量较多的大颗粒包围的片层结构,这是在较高温度下氧化程度过高导致的,这种大颗粒结构被认为不利于硫浸渍到层间和空隙内,并且严重降低了 Li⁺ 的扩散性能。

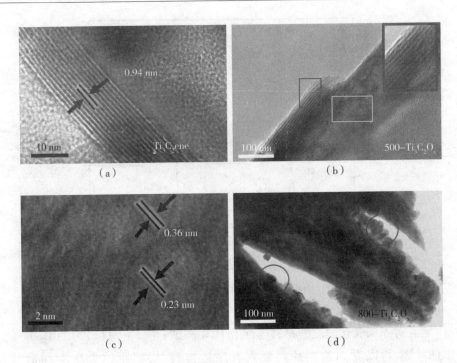

图 5 - 21   (a) Ti$_3$C$_2$ene、(b) 500 – Ti$_3$C$_2$O$_x$、(c) 500 – Ti$_3$C$_2$O$_x$局部放大
和(d) 800 – Ti$_3$C$_2$O$_x$的 TEM 图

经过统计, 500 – Ti$_3$C$_2$O$_x$中的晶粒尺寸为 2 ~ 5 nm, 但是因为 200 – Ti$_3$C$_2$O$_x$结晶度不高, 在 HRTEM 图中 Ti$_x$O$_y$主要以微小晶粒的形式存在, 导致无法分辨其晶体结构, 如图 5 – 22(b) 所示。800 – Ti$_3$C$_2$O$_x$表现出与 TEM 图类似的结构, TiO$_2$大颗粒破坏了 Ti$_3$C$_2$ene 的片层结构, 如图 5 – 22(c) 所示。

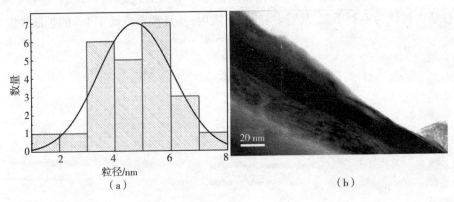

(a)   (b)

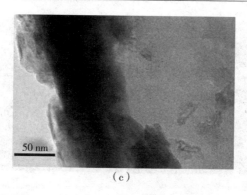

（c）

图 5 – 22　（a）500 – Ti$_3$C$_2$O$_x$ 中 Ti$_x$O$_y$ 的粒径分布；
（b）200 – Ti$_3$C$_2$O$_x$ 和（c）800 – Ti$_3$C$_2$O$_x$ 的 HRTEM 图

　　对这几种样品在衍射模式下进行分析，从图 5 – 23（a）中可以看出，制备的 Ti$_3$C$_2$ene 的衍射斑点与纯 Ti$_3$C$_2$ene 相的晶面间距完全对应，符合高度有序的晶体结构。500 – Ti$_3$C$_2$O$_x$ 则显示出对应于 Ti$_3$C$_2$ene 和 Ti$_6$O$_{11}$ 两种晶体的衍射斑点，如图 5 – 23（b）所示。如果将衍射区域只选在 Ti$_6$O$_{11}$ 晶粒区域，就得到对应于 Ti$_6$O$_{11}$ 斑点和无定形物质的衍射环的组合，与图片中的无定形碳包裹 Ti$_6$O$_{11}$ 的结构完全对应，如图 5 – 23（c）所示。根据文献报道，在 Ti$_3$C$_2$ene 的氧化过程中，由于氧的扩散会出现亚化学计量的碳氧化物，同时伴有无定形碳的生成，在上图的衍射结构中由于出现了无定形碳，因此可进一步证明亚化学计量的钛氧化物的生成，侧面证明生成的氧化相是 Ti$_n$O$_{2n-1}$ 结构的相。800 – Ti$_3$C$_2$O$_x$ 中的衍射斑点明亮而杂乱，显示出多晶材料的结构特点，说明 800 Ti$_3$C$_2$O$_x$ 中生成了结晶度更好的多晶 TiO$_2$，如图 5 – 23（d）所示。

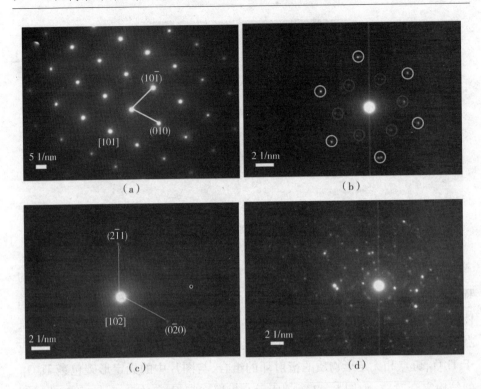

图 5 – 23 不同材料的选区衍射图

(a) Ti_3C_2ene; (b) 500 – $Ti_3C_2O_x$; (c) Ti_6O_{11}; (d) 800 – $Ti_3C_2O_x$

图 5 – 24 中的 XPS 测试结果表明了四种材料的化学元素组成, 它们均表现出 C、Ti、O、F 的峰。通过图 5 – 24(b) 的统计可以得到材料中 O 和 F 含量的变化, 随着温度的逐渐升高, O 的比例逐渐增高, F 的比例明显下降, 变化趋势与前面的推断相符合。图 5 – 24(c) 为 500 – $Ti_3C_2O_x$ 的 SEM 图及相应的 EDS 图, O 元素分布均匀, 表明 Ti_3C_2ene 上的氧化物均匀分布。

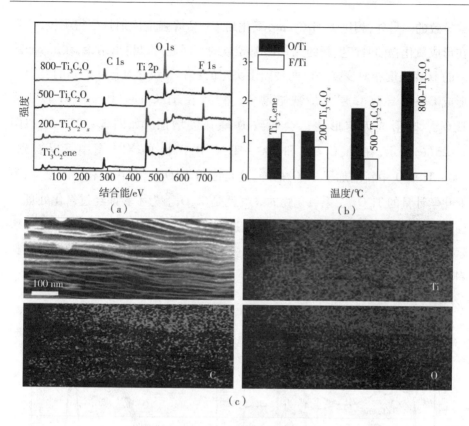

图 5 – 24　(a)不同材料的 XPS 图;
(b)氧与钛原子比、氟与钛原子比的变化;(c)500 – Ti$_3$C$_2$O$_x$的
SEM 图及相应的 EDS 图

将 500 – Ti$_3$C$_2$O$_x$ 与未氧化的 Ti$_3$C$_2$ene 的 Raman 图进行对比,结果如图 5 – 25(a)所示。500 – Ti$_3$C$_2$O$_x$的 Ti$_x$O$_y$峰强度升高,说明氧的成功引入以及钛氧化物的形成。另外碳材料的 D 峰和 G 峰的比值由原来的 0.92 变成 0.97,说明石墨碳中的 sp^{3}杂化增强,推测是氧引入了石墨碳层或者无定形碳含量增加导致的。以 500 – Ti$_3$C$_2$O$_x$为例,对得到的 XPS 图进行分峰拟合,拟合重复率在 99% 以上为拟合标准。图 5 – 25(b)为 Ti$_3$C$_2$ene C 1s 的 XPS 图,除了较宽的 C—C 峰之外,在 282.2 eV 处的 C—Ti 峰归属于 Ti$_3$C$_2$ene,同时在 288.6 eV 的峰说明在刻蚀的时候形成了 C—O。图 5 – 25(c)是 500 – Ti$_3$C$_2$O$_x$ C 1s 的 XPS 图,在 289.0 eV 出现一个新的峰,这个峰被认为是 C—O 峰,是氧化过程中 O 引入

碳导致的。另外,相比于 Ti_3C_2ene,氧化后 C—C 峰强度增加且变得尖锐,这是在形成氧化物的时产生新的无定形碳导致的。因此可以得出结论,在Raman图中的 D 峰强度相对变强是由两种因素决定的:第一,快速氧化使更多的 O 与 C 形成 C—O,导致 C 层内的缺陷增多;第二,在 Ti_3C_2ene 中部分 Ti 转变成 Ti_nO_{2n-1} 时形成无定形碳也会导致 D 峰强度增加。如图 5 – 25(d)和图 5 –25(e)所示,在 Ti_3C_2ene 和 500 – $Ti_3C_2O_x$ O 1s 的 XPS 图中可以看到,500 – $Ti_3C_2O_x$ 中新增加了 Ti_2O_3 的峰,这是证明 Ti_nO_{2n-1} 存在的有力证据,因为亚化学计量的 Ti_nO_{2n-1} 系氧化物的终端就是 Ti_2O_3。为了验证经过氧化处理表面的官能团变化,笔者对 500 – $Ti_3C_2O_x$ 进行了 FT – IR 测试,如图 5 – 25(f)所示,经过快速氧化的材料表面的官能团并没有发生明显的改变,这就保证了材料在随后的硫复合过程中具有润湿性。

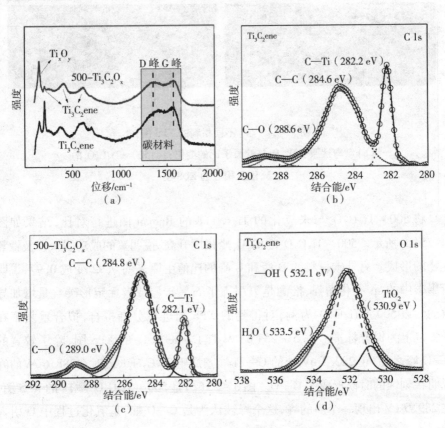

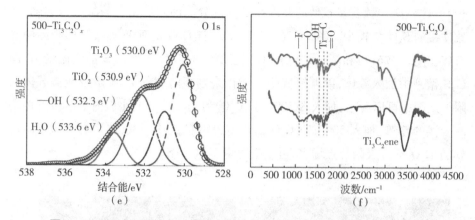

图 5 – 25　(a) $500 – Ti_3C_2O_x$ 与 Ti_3C_2ene 的 Raman 图;(b) Ti_3C_2ene 的 C 1s、
(c) $500 – Ti_3C_2O_x$ 的 C 1s、(d) Ti_3C_2ene 的 O 1s、(e) $500 – Ti_3C_2O_x$ 的 O 1s 的 XPS 图;
(f) Ti_3C_2ene 和 $500 – Ti_3C_2O_x$ 的 FT – IR 图

5.5　S/$Ti_3C_2O_x$ 的制备与表征

由前面的讨论可知,采用水浴法得到的硫复合的材料中硫颗粒可以更均匀地分散,但是相对于熔融浸渍法制备的复合材料,水浴法由于在首次循环过程中不可逆地消耗 Li^+,会造成首次效率过低,因此本节对得到的 $Ti_3C_2O_x$ 采用以上两种方法结合的方法制备 S/$Ti_3C_2O_x$。将 0.50 g $Ti_3C_2O_x$ 和 2.52 g $Na_2S_2O_3 \cdot 6H_2O$ 在去离子水中分散,水浴加热至 35 ℃,在磁力搅拌下继续分散 1 h,直到悬浊液呈现出轻微的黏稠状,将上清液倒入废液桶内。当温度恢复至室温后将 240 mL(2 mol·L^{-1})HCl 溶液逐滴加入以上悬浊液中,并继续磁力搅拌 3 h,自然沉降后,剩余粉末用去离子水和酒精反复洗涤至中性,50 ℃ 干燥后,将得到的粉末置于管式炉内,在 160 ℃ Ar 气氛中保温 10 h,即得到 S/$Ti_3C_2O_x$。

从 S/$200 – Ti_3C_2O_x$、S/$500 – Ti_3C_2O_x$ 和 S/$800 – Ti_3C_2O_x$ 的 SEM 图(图 5 – 26)中可以看出,S/$200 – Ti_3C_2O_x$ 和 S/$500 – Ti_3C_2O_x$ 都得到了均匀沉积的硫复合材料,而 S/$800 – Ti_3C_2O_x$ 中的硫并没有完全进入空隙内,这是由于 TiO_2 大颗粒对硫的浸渍产生阻挡,因此形成了图 5 – 26(c)中所示的形貌。S/$200 – Ti_3C_2O_x$ 和 S/$500 – Ti_3C_2O_x$ 中的硫含量都接近于 60%,如图 5 – 26(d)所示。

$800 - Ti_3C_2O_x$ 中硫含量较低的原因在于大部分表面官能团在高温下被移除,导致连接的 $S_2O_3^{2-}$ 较少。图 5 - 26(e)$S/500 - Ti_3C_2O_x$ 的 EDS 曲线证明样品中含有硫。图 5 - 26(f)和图 5 - 26(g)对比了氧化前后载体对 Li_2S_4 的吸附能力,向 Li_2S_4 溶液中加入载体,以电解液颜色变化来判断溶解的 Li_2S_4 是否能被载体吸附。从图中可以看出,加入 $S/500 - Ti_3C_2O_x$ 和 Ti_3C_2ene 的小瓶内电解液颜色均有变浅的趋势,加入 $500 - Ti_3C_2O_x$ 的电解液颜色更浅一些,这是由于氧化后得到的 Ti_xO_y 活性吸附位点增多,可以吸附更多的 LiPS。

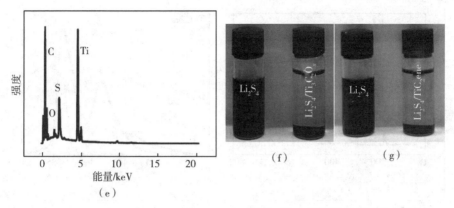

图 5 – 26　(a) S/200 – Ti₃C₂Oₓ、(b) S/500 – Ti₃C₂Oₓ、(c) S/800 – Ti₃C₂Oₓ 的 SEM 图;
(d) 不同材料的热重曲线;(e) S/500 – Ti₃C₂Oₓ 的 EDS 曲线;
(f)、(g) Li₂S₄ 加入 S/500 – Ti₃C₂Oₓ 和 Ti₃C₂ene 的小瓶实验

　　将吸附 Li₂S₄ 的 Ti₃C₂ene 和 S/500 – Ti₃C₂Oₓ 干燥并进行 XPS 测试。如图 5 – 27(a)所示,两种样品都存在 Li、S、C、Ti、O、F 元素。如图 5 – 17(b)和图 5 – 27(c)所示,在 Ti₃C₂ene 和 S/500 – Ti₃C₂Oₓ 的 Ti 2p 的 XPS 图中都表现出与 Ti—C 和 T—O 对应的峰,区别在于 S/500 – Ti₃C₂Oₓ 的 Ti—O 强度变强,说明氧化程度增加。在 Li₂S₄/S/500 – Ti₃C₂Oₓ 的 S 2p 的 XPS 图中除了 Li₂S₄ 自身的 S—S、Li—S 之外,还存在硫代硫酸盐等含硫的复杂物质。另外在 161.5 eV 处的 Ti—S 证明了载体对 LiPS 的化学吸附作用。在吸附 Li₂S₄ 之后,两种材料 Ti 2p 的 XPS 图中都表现出 Ti—S,在 Ti₃C₂ene 的表面存在的—OH 也能够与 LiPS 反应,形成新的清洁表面,因而达到与 LiPS 的强吸附作用。但是吸附的 LiPS 含量与官能团数量有关,另外在循环过程中的吸附稳定性问题在当前的 XPS 图中无法得到直观体现。

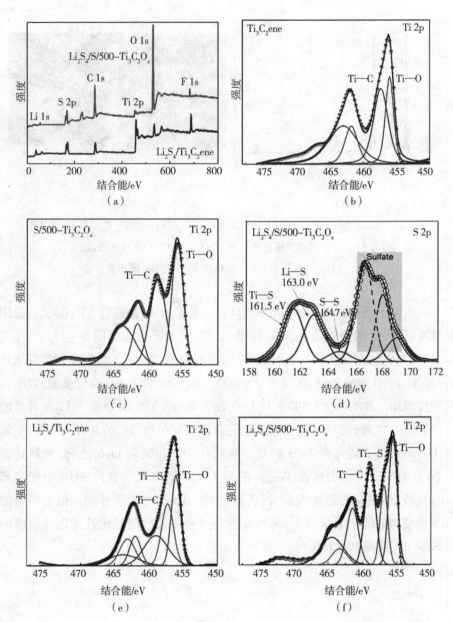

图 5－27 （a）Li_2S_4/Ti_3C_2ene 和 $Li_2S_4/S/500-Ti_3C_2O_x$ 的 XPS 全谱；

（b）Ti_3C_2ene 的 Ti 2p XPS 图；（c）$S/500-Ti_3C_2O_x$ 的 Ti 2p XPS 图；

（d）$Li_2S_4/S/500-Ti_3C_2O_x$ 的 S 2p XPS 图；

（e）Li_2S_4/Ti_3C_2ene 和（f）$Li_2S_4/S/500-Ti_3C_2O_x$ 的 Ti 2p XPS 图

5.6　$S/Ti_3C_2O_x$ 的电化学性能研究

为了验证氧化处理对材料电化学性能的改善作用,笔者对 $S/Ti_3C_2O_x$ 进行了常规的电化学性能测试,图 5-28(a)为 $S/500-Ti_3C_2O_x$ 在 0.2 C 电流密度条件下的充放电曲线,首次放电比容量约为 1700 mAh·g⁻¹(超过理论比容量),充电比容量与放电比容量相当,因此首次库仑效率高于 98%。在第 10 次和第 20 次的放电平台几乎与首次的平台重合,说明电极极化小,可以在氧化还原反应中获得更好的反应活性。$S/500-Ti_3C_2O_x$ 的放电比容量逐步减小,循环 20 次的放电比容量减小到 1400 mAh·g⁻¹ 左右。相比于相同硫含量的 S/Ti_3C_2ene,氧化后的载体表现出一个额外的放电斜坡,如图 5-28(b)方框所示,而且两个电极的第一个放电平台(2.30 V)得到的比容量相差不大,但是氧化后的电极材料表现出更长的第二个放电平台(2.00 V),由于第二个放电平台对应于长链的 LiPS 向短链的转变,因此第二个放电平台越长,说明 LiPS 的流失越少,证明氧化后的材料具有更高的 LiPS 吸附能力和反应活性。$500-Ti_3C_2O_x$ 的 CV 曲线可以看出与充放电曲线平台电压相对应的氧化还原峰,在 2.35 V 和 2.30 V 也分别出现了额外的阳极与阴极反应峰,如图 5-28(c)所示,推断是发生了其他的氧化还原反应导致的。对氧化前后的材料进行了倍率性能测试,如图 5-28(d)所示,在电流密度达到 2.0 C 前,比容量随着电流密度的增大表现出连续小幅度的下降,但是当电流密度增加到 5.0 C 时,S/Ti_3C_2ene 的比容量突然大幅度下降,而 $S/500-Ti_3C_2O_x$ 则仍然表现出连续的比容量,在 0.5~5.0 C 条件下得到 1540 mAh·g⁻¹、1253 mAh·g⁻¹、1026 mAh·g⁻¹ 和 705 mAh·g⁻¹ 的比容量,直至电流密度增加到 20.0 C,电池仍然能够得到 136 mAh·g⁻¹ 的比容量,说明 $S/500-Ti_3C_2O_x$ 具有优异的倍率性能,这是由于氧化后材料对 LiPS 的吸附作用增强了,提高了电容保持率。

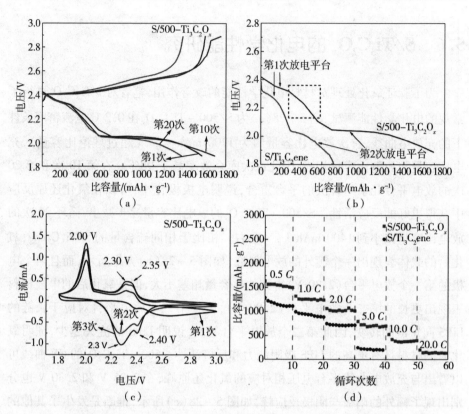

图 5 - 28 (a) S/500 - Ti₃C₂Oₓ 的电压分布;(b) S/500 - Ti₃C₂Oₓ
和 S/Ti₃C₂ene 在 0.05 C 循环 10 次后的放电曲线;(c) S/500 - Ti₃C₂Oₓ
在扫速为 0.1 mV·s⁻¹ 的 CV 曲线;(d) S/500 - Ti₃C₂Oₓ 和 S/Ti₃C₂ene 的倍率性能

对 S/500 - Ti₃C₂Oₓ 进行大电流密度充放电测试,如图 5 - 29 所示,在 0.5 C、1.0 C、2.0 C、5.0 C 电流密度条件下,电池分别得到 1567 mAh·g⁻¹、1417 mAh·g⁻¹、1321 mAh·g⁻¹ 和 969 mAh·g⁻¹ 的初始比容量。经过 500 次循环,比容量分别保持在 1121 mAh·g⁻¹、827 mAh·g⁻¹、582 mAh·g⁻¹ 和 391 mAh·g⁻¹,比容量衰减微小,电容保持率高。经过 1000 次循环比容量仍然能够保持在 803 mAh·g⁻¹、662 mAh·g⁻¹、264 mAh·g⁻¹ 和 186 mAh·g⁻¹,证明本书制备的电池具有优异的循环性能。

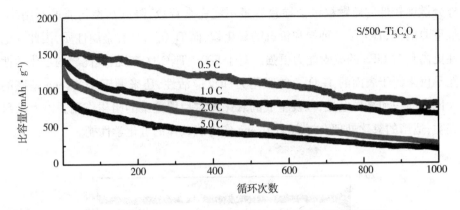

图 5 – 29　S/500 – Ti₃C₂O$_x$ 在不同电流密度条件下的循环性能

5.7　S/Ti₃C₂O$_x$ 电化学性能影响因素分析

本节对前面得到的 S/Ti₃C₂O$_x$ 的电化学性能进行分析并对电化学反应机理进行研究,对附加的容量给出解释。

5.7.1　氧化处理对电化学性能的影响

笔者对 S/Ti₃C₂ene、S/200 – Ti₃C₂O$_x$、S/500 – Ti₃C₂O$_x$ 和 S/800 – Ti₃C₂O$_x$ 进行了循环性能对比,如图 5 – 30 所示,在 0.2 C 电流密度条件下,四种材料分别得到了 987 mAh · g^{-1}、1301 mAh · g^{-1}、1600 mAh · g^{-1}、1021 mAh · g^{-1} 的初始比容量,500 次循环之后比容量分别保持在 253 mAh · g^{-1}、446 mAh · g^{-1}、845 mAh · g^{-1}、437mAh · g^{-1},分别对应于初始比容量的 25.6%、34.3%、52.8%、42.8%,相当于每次比容量衰减 0.146%、0.131%、0.094%、0.114%。氧化后的三种材料都显示出高于未氧化的 S/Ti₃C₂ene 的初始比电容和电容保持率,说明快速氧化处理对性能提升的效果明显,其中S/500 – Ti₃C₂O$_x$不但放电比容量高,稳定性也是最好的。S/200 – Ti₃C₂O$_x$性能比 S/500 – Ti₃C₂O$_x$稍低,是由于载体氧化程度较弱,导致表面的 Ti$_x$O$_y$ 含量少且结晶度低,得到的活性吸附位点少,对性能的提升效果不够明显;而 800 – Ti₃C₂O$_x$虽然得到了晶粒更完整的 TiO₂,但是由于过度氧化,氧化物尺寸较大并产生重叠,阻碍了 Li$^+$ 的扩散,另外分散度较低的硫颗粒也会导致容量不能完全释放,降低活性物质的利用率。最重要的是,TiO_2是一种饱和价态的氧化物,而Ti_nO_{n-1}具有金属性质,因此导电性更高且对 LiPS 的吸附能力更强。对于 $500 - Ti_3C_2O_x$ 来说,其优异的电化学性能不仅来源于表面的 Ti_nO_{n-1} 的吸附力和反应活性,还来源于 Ti_3C_2ene 基底的大比表面积和高导电性,以及生成的氧化物对片层叠聚的阻碍作用。以上结果表明,适当的氧化处理会提高 Ti_3C_2ene 作为硫载体的电化学性能。

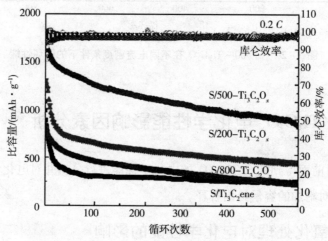

图 5 - 30 S/Ti_3C_2ene、S/$200 - Ti_3C_2O_x$、S/$500 - Ti_3C_2O_x$、
S/$800 - Ti_3C_2O_x$ 的循环性能

为了观察几种材料在循环中发生的不同程度的穿梭效应,笔者将循环后的电池拆解后对隔膜颜色进行了对比。如图 5 - 31 所示,S/$500 - Ti_3C_2O_x$ 的隔膜几乎保持原有的白色,而 S/$200 - Ti_3C_2O_x$ 和 S/$800 - Ti_3C_2O_x$ 的隔膜分别显示出微黄色和亮黄色,颜色逐渐加深,说明在这两个电池中 LiPS 有一定的溶解。

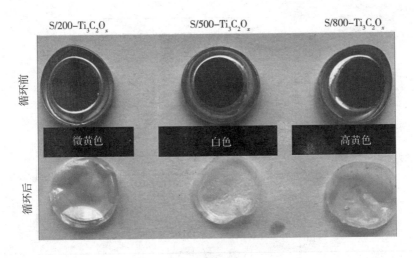

图 5 - 31　循环前后隔膜颜色对比

采用 dQ/dV 测试对连续的放电曲线进行差分,如图 5 - 32(a)所示,图中左侧的曲线是对右侧放电曲线的差分,可以看出每一个峰值都对应着一个反应边界,因此可以将放电比容量的贡献分成不同的区域,包含吸附比容量贡献和反应比容量贡献。其差分曲线中 2.35 V 处的峰对应于 CV 曲线中额外的阴极反应峰,1.85 V 以后的比容量贡献就是以吸附为主的额外比容量。而在图 5 - 32(b)中的 S/Ti₃C₂ene 在相同扫速下的 CV 曲线就没有表现出额外的反应峰,因此推断其没有获得额外的比容量,这也解释了在 S/500 - Ti₃C₂Oₓ 的放电比容量超过理论比容量的原因。对几种材料的导电性进行了测试,同样采用对称电极的方法对其 EIS 曲线进行拟合与分析,得到图 5 - 32(c)中的拟合图,拟合电路如插图所示,除了 S/800 - Ti₃C₂Oₓ 表现出较大的高频区半圆直径外,其他材料都显示出与 Ti₃C₂ene 相似的半圆直径,说明快速氧化对材料的导电性并没有造成较大的损失,但是在 800 ℃ 的高温下发生了过度的氧化反应,导致生成的氧化物占主要成分,因此导电性明显下降。

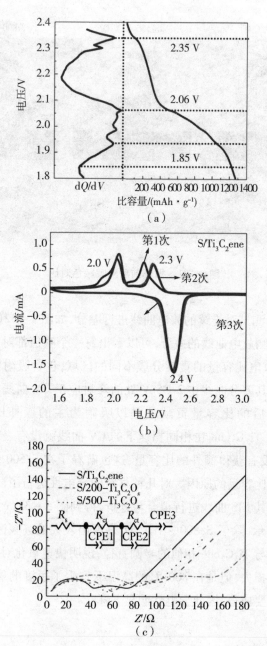

图 5 - 32 （a）S/500 - Ti$_3$C$_2$O$_x$的 dQ/dV 曲线；（b）S/Ti$_3$C$_2$ene 的 CV 曲线；

（c）不同材料的 EIS 曲线

氧化物的产生会对纳米片的叠聚起到阻碍作用,以提供反应过程中稳定的活性表面。因此对氧化和未氧化的载体组装成的电极极片进行表征,图 5 – 33 是 $S/500 – Ti_3C_2O_x$ 和 S/Ti_3C_2ene 电极极片经过 500 次循环的 SEM 图,可以明显看到 S/Ti_3C_2ene 片层发生了叠聚,而 $S/500 – Ti_3C_2O_x$ 形貌依然保持完整。

图 5 – 33　循环后的(a) $S/500 – Ti_3C_2O_x$ 和(b) S/Ti_3C_2ene 电极极片的 SEM 图

5.7.2　界面对电化学性能的影响

综合以上对比分析可知 $Ti_3C_2O_x$ 对锂硫电池的电化学性能具有明显的改善作用,不仅得到了较高的比容量,还获得了更稳定的循环性能。其优异的电化学性能不仅来源于 Ti_xO_y 的高活性和对 LiPS 的吸附性,还源于 Ti_3C_2ene 基底的大比表面积和高导电性,另外氧化物对片层叠聚的阻碍作用也使得手风琴状形貌得以保持。

经过分析得出了 $S/Ti_3C_2O_x$ 能够通过吸附反应获得额外的容量,称为赝电容。本节对其赝电容的产生进行证明和分析。首先在不同扫速下对 $S/500 – Ti_3C_2O_x$ 和未氧化的 S/Ti_3C_2ene 进行 CV 测试。

$$\lg(i) = b\lg(\nu) + \lg(a) \tag{5 – 1}$$

式中,i——峰电流(A);

　　　ν——峰电位(V);

　　　b——斜率。

对不同扫速对数与对应的峰电流的对数作直线拟合,得到这条直线的斜率

值 b，这个 b 值就决定了在该电位发生的氧化还原反应的性质，当 b 接近于 0.5 时，代表发生的是法拉第反应，而接近 1 说明发生的是非法拉第反应。CV 曲线及拟合结果如图 5 - 34(a) 和图 5 - 34(b) 所示，S/500 - Ti$_3$C$_2$O$_x$ 显示出两个氧化峰和两个尖锐的还原峰，由于扫速过快，没有体现出在 2.35 V 处的弱的还原峰，而未氧化的 S/Ti$_3$C$_2$ene 则没有多余的氧化峰和还原峰出现。随着扫速的增大，电流逐渐增大，图 5 - 34(c) 和图 5 - 34(d) 是对两个 CV 曲线按照式(5 - 1)进行的拟合，可以看出，S/500 - Ti$_3$C$_2$O$_x$ 除了在 2 V 电位下的斜率接近于 0.5，其他电位下斜率为 0.5 ~ 1，说明发生了非法拉第反应。相反，在未氧化的 S/Ti$_3$C$_2$ene 的拟合直线中，所有的斜率都接近 0.5，说明未氧化的 S/Ti$_3$C$_2$ene 只发生法拉第反应。因此可以得出结论，氧化后的载体和 Li$^+$ 之间能够通过界面吸附的反应提供额外的 Li$^+$ 储存，因此能够获得额外的赝电容。

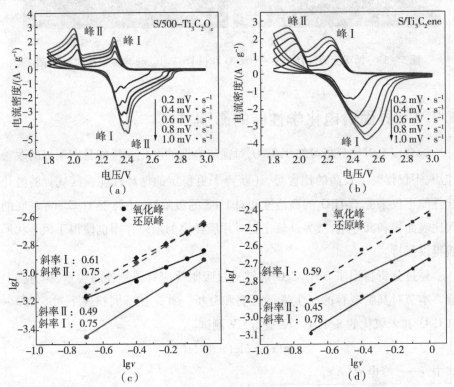

图 5 - 34　(a) S/500 - Ti$_3$C$_2$O$_x$ 和(b) S/Ti$_3$C$_2$ene 在不同扫速下的 CV 曲线；
(c) S/500 - Ti$_3$C$_2$O$_x$ 和(d) S/Ti$_3$C$_2$ene 电压对扫速对数的拟合直线

由以上讨论得出 $Ti_3C_2O_x$ 与 Li^+ 和 LiPS 相互作用的机理,如图 5 - 35 所示,在放电过程中,Li^+ 从负极穿过电解液进入正极,与载体表面的硫发生还原反应生成 LiPS,并且同时在 Ti—C—O 界面发生界面上的吸附反应,产生的 LiPS 能够与 Ti_xO_y 产生相互作用,尤其是亚化学计量的 Ti_nO_{2n-1},可以通过其氧空位获得来自于硫的电子捐献,因此可以保持 LiPS 稳定吸附,得到更稳定的循环性能。

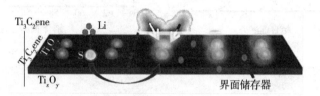

图 5 - 35　$Ti_3C_2O_x$ 载体与 Li^+ 和 LiPS 相互作用的示意图

Li^+ 在氧化后才表现出界面储存现象,有报道证明在应用于负极的氧化钛/钛碳烯复合材料也表现出反应储锂和插层储锂的双重机制。在本书中,由于材料应用于正极的异质结载体上,因此也能够发生氧化相储锂的现象,因为这个反应电位也包括在正极的电势窗口内,那么吸附 Li^+ 的只可能由 C 和 O 两种元素完成,而 C 元素的电负性小于 O,而且 C 与 Li 的反应电位很小,不在正极循环的电势窗口内,因此推断多余的界面吸附容量来源于依靠 Li—O 相互作用的 Li^+ 吸附。为了验证这一推测,笔者对吸附 Li_2S_4 的 $S/500 - Ti_3C_2O_x$ 和 Ti_3C_2ene 的 XPS 的 Li 1s 峰进行拟合,结果如图 5 - 36 所示。$Li_2S_4/S/500 - Ti_3C_2O_x$ 的 Li—O 峰相对强度明显高于 Li_2S_4/Ti_3C_2ene 的 Li—O 强度(Ti_3C_2ene 由于含有—OH 也会与 LiPS 发生吸附作用)。另外,在 57.1 eV 处出现的 Li—X 峰归属于 Li—O—Ti 或者 Li—O—C,证明了 Li^+ 的界面储存机制。

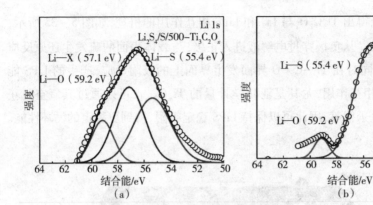

图 5 – 36 （a）$Li_2S_4/S/500 – Ti_3C_2O_x$ 和（b）Li_2S_4/Ti_3C_2ene 的 Li 1s XPS 图

5.8 本章小结

（1）本章通过热压烧结成功制备了 Ti_3AlC_2，并通过化学刻蚀的方法制备了手风琴状的 Ti_3C_2ene。采用水浴法与熔融浸渍法将 Ti_3C_2ene 与硫复合，其中水浴法制备的 S/Ti_3C_2ene 对硫的分散更好，初始比容量更高。熔融浸渍法制备的 S/Ti_3C_2ene 的循环性能比水浴法更好。FT – IF 和 XPS 测试结果表明，Ti_3C_2ene 表面稳定的—OH 等官能团是吸附 LiPS 的关键因素，但是由于 Ti_3C_2ene 表面的极性官能团数量有限，可有效吸附 LiPS 的活性位点仍然较少，导致 S/Ti_3C_2ene 初始比容量较低、循环性能差。

（2）通过快速氧化的方式进一步在 Ti_3C_2ene 上原位生长了氧化物 Ti_xO_y，随着氧化温度增加，在 Ti_3C_2ene 表面生长的 Ti_xO_y 从亚化学计量的 Ti_nO_{2n-1} 过渡到饱和的 TiO_2。XRD、TEM 测试结果表明，200 ℃时得到的 Ti_xO_y 主要是 TiO 和 Ti_3O_5；500 ℃时主要是 Ti_6O_{11} 以及少量的 Ti_4O_7；800 ℃时为纯的 TiO_2。

（3）经过氧化的三种材料都显示出优于未氧化 S/Ti_3C_2ene 的电化学性能。S/Ti_3C_2ene、$S/200 – Ti_3C_2O_x$、$S/500 – Ti_3C_2O_x$、$S/800 – Ti_3C_2O_x$ 在 0.2 C 条件下分别得到了 987 mAh · g^{-1}、1301 mAh · g^{-1}、1600 mAh · g^{-1}、1021 mAh · g^{-1}的初始比容量，500 次循环后比容量分别保持在 253 mAh · g^{-1}、446 mAh · g^{-1}、845 mAh · g^{-1}、437 mAh · g^{-1}，分别对应于初始比容量的 25.6%、34.3%、52.8%、42.8%，相当于每次比容量衰减 0.146%、0.131%、0.094%、0.114%。

$S/800 - Ti_3C_2O_x$ 由于大颗粒 TiO_2 的阻碍导致硫分散不均匀,$S/200 - Ti_3C_2O_x$ 氧化程度不足导致对 LiPS 的抑制能力较弱。

(4)$500 - Ti_3C_2O_x$ 分级结构具有适当的氧化处理,兼具了 Ti_3C_2ene 基底的大比表面积和高导电性以及 Ti_nO_{2n-1} 对 LiPS 的强吸附能力。亚化学计量的 Ti_nO_{2n-1} 通过氧空位与电负性的 S 相互作用,对 LiPS 具有较强的吸附能力,得到的正极载体具有更高的循环性能,在 $0.5\ C$、$1.0\ C$、$2.0\ C$、$5.0\ C$ 的电流密度条件下,分别得到 1567 $mAh \cdot g^{-1}$、1417 $mAh \cdot g^{-1}$、1321 $mAh \cdot g^{-1}$ 和 969 $mAh \cdot g^{-1}$ 的初始比容量,1000 次循环后比容量分别保持在 803 $mAh \cdot g^{-1}$、662 $mAh \cdot g^{-1}$、264 $mAh \cdot g^{-1}$ 和 186 $mAh \cdot g^{-1}$。

(5)SEM 证明生成的 Ti_xO_y 颗粒能够防止 Ti_3C_2ene 纳米片层叠聚,起到提高结构稳定性的作用。充放电曲线和 CV 曲线证明 Li^+ 能在载体的 Ti—C—O 界面发生界面吸附反应,得到额外的界面赝电容贡献。O 对 C 和 Ti 的占位得到的协同作用,使得 Ti—S 稳定存在,因而能够保证电极更长的循环寿命。

第6章 夹层结构 $Ti_xO_y - Ti_3C_2 / C_3N_4$ 材料对锂硫电池电化学性能的影响

6.1 引言

    LiPS 在放电/充电过程中,一旦 LiPS 溶解到电解液中,其倾向于在阴极和阳极之间穿插,这种现象被称为穿梭效应。这往往导致在几个循环中比容量迅速下降,使电池无法为用电设备提供正常电力。目前人们已经通过开发硫宿主来实现对 LiPS 的合理调节,如用碳质材料覆盖硫,用极性化合物吸收 LiPS 或路易斯酸碱反应,以及用催化剂催化 LiPS 转化。化学吸附包括极性吸附和路易斯酸碱吸附,可以有效抑制穿梭效应。LiPS 的氧化还原动力学是缓慢的,并且当涉及高硫负载阴极时,必须采取一个过程来完成反应。也就是说,即使在添加催化材料时,LiPS 的转化率也不可避免地滞后于其溶解率。溶解的 LiPS 必然在主体材料上积聚并降低主体材料的可吸收性,特别是对于主体外层上的 LiPS。因此,理想的主体材料必须能够限制溶解的 LiPS 并在一定时间内发挥其催化 LiPS 转化的作用。因此,载体材料应同时满足较高的化学吸附能力,足够的连接空间,以及一定程度的催化活性的要求。因此,开发具有特殊结构和多功能的主体材料对抑制锂硫电池的穿梭效应以及提高电池的能量和功率密度具有重要意义。

    本章设计了一个夹层结构的阴极材料,以合理地抑制 LiPS 的穿梭效应。笔者选择了两个层状材料,C_3N_4 和异质结构 $Ti_xO_y - Ti_3C_2$ (OTC),作为两个功能吸附剂的夹层结构。研究结果表明,二维(2D)C - N 材料在锂硫电池中具有广阔的应用前景,其独特的原子结构有利于电荷转移和 LiPS 锚定。在笔者之前的工作中,通过快速氧化的 Ti_3C_2ene 制备了异质结构 OTC 材料。因此,本章选择在 500 ℃下快速氧化得到的氧化程度最合适的土霉素作为吸附功能层。夹层结构 $Ti_xO_y-Ti_3C_2@$ sulfur@ C_3N_4（简称 $OTC/S/C_3N_4$）复合材料作为锂硫电池正极材料时,其反应机理如图 6-1 所示。首先,大量的 LiPS 可以存在于夹层结构中。其次,C_3N_4 的强极性吸附和 OTC 异质结构的路易斯酸碱反应可以大大抑制 LiPS 的穿梭效应。最后,Li_2S_x 分子的 Li 端和 S 端分别被双向同步吸附,促使长链 LiPS 断裂变短,加速 LiPS 还原为 Li_2S。根据以往的研究,切割长链 LiPS 可以有效促进其还原为短链 Li_2S,抑制穿梭效应。通过理论计算,Li_2S_4 与 OTC 和 C_3N_4 的相互作用最终会导致 S—S 两侧原子的电荷富集,在此条件下 Li 更容易被吸附。夹层结构的 $OTC/S/C_3N_4$ 集成了三重功能:(1)通过层状结构物理连接溶解的 LiPS,(2)通过 OTC(路易斯酸碱反应)和 C_3N_4(极性吸收)同步化学锚定 LiPS,(3)通过双向吸附促进 LiPS 解离。

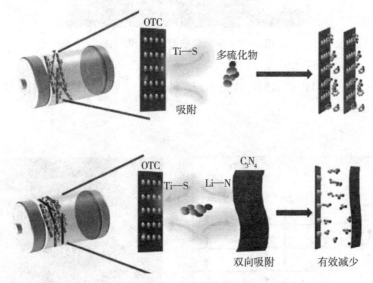

图 6-1　OTC/C_3N_4 通过双向吸附促进 LiPS 还原的机理图

6.2　$Ti_xO_y-Ti_3C_2/C_3N_4$ 材料的制备与表征

在 TiC_2 在 Ar 气氛保护的管式炉中迅速加热,800 ℃后迅速关闭保护气体。

然后从管式炉中快速提取样品,将得到的手风琴状样品在二甲亚砜溶液中超声12 h。用去离子水洗涤,真空室温干燥,从上清液中得到 2D OTC 材料。在这项工作中,OTC 异质结通过快速氧化处理过程合成。通常,将原始 Ti_3C_2ene 粉末加热至合适的温度,然后将其暴露于空气并从管式炉中快速取出。笔者选择在500 ℃下合成的样品作为代表性材料,其通常显示出手风琴状形态,如图 6-2 所示。

图 6-2　手风琴状 OTC 的 SEM 图

图 6-3 为 OTC 的 XRD、TEM、SEM 和 EDS 结果。剥离后,获得 OTC 纳米片(图 6-4)。

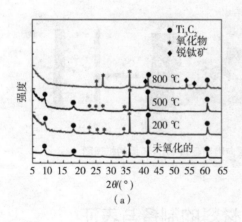

（a）

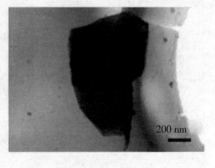

（b）

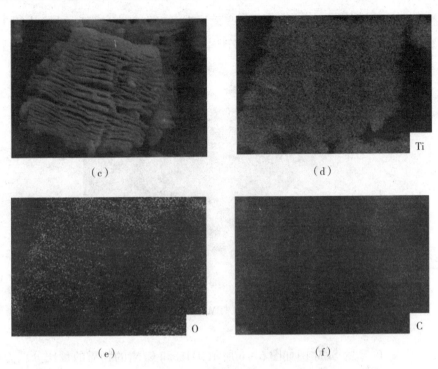

（c）　　　　　　　　　　　　（d）

（e）　　　　　　　　　　　　（f）

图 6-3　（a）在 200 ℃、500 ℃和 800 ℃下合成的 OTC 的 XRD 谱图；
OTC 的（b）TEM 图、（c）SEM 图及相应的 EDS 图，（d）Ti；（e）O；（f）C

图 6-4　剥离后 OTC 纳米片的 SEM 图

Ti_xO_y 颗粒在 Ti_3C_2ene 叠层上局部生长，其通常是亚化学计量的 Ti_nO_{2n-1}。在 Ti_3C_2ene 薄层上原位生长的 Ti_nO_{2n-1} 颗粒被认为能抑制 LiPS 穿梭效应并改善锂硫电池的功率性能。氧化后的表面形态可以在剥离的 OTC 纳米片的 TEM 图中清楚地看到(图 6-5)。由于 OTC 具有两相结构,因此在图 6-5 插图的选区电子衍射(SAED)图中可以看到多于一组的衍射斑点。

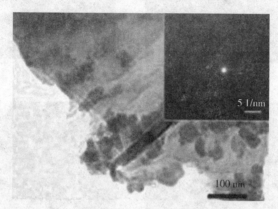

图 6-5　OTC 的 TEM 图,插图为 SAED 图

OTC/C_3N_4的 SEM 图如图 6-6 所示,OTC 和 C_3N_4的物质的量比分别为1:2和2:1。C_3N_4含量较高的样品几乎呈现出碳的独立占位,且大部分不形成致密的碳包。

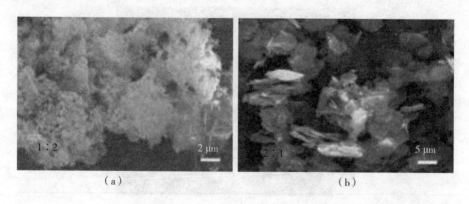

图 6-6　OTC/C_3N_4的 SEM 图

(a)1:2;(b)2:1

相反,在具有较高 OTC 含量的复合物中,由于 C_3N_4 的量不足以覆盖整个

OTC 表面,因此大量 OTC 表面暴露,这也导致有效夹层结构减少。物质的量比为 1:1 的样品被认为是最好的,因为它显示出明显的夹层结构。因此,以 1:1 的比例合成的样品被系统地表征。图 6 – 7 的 TEM 图清楚地显示了在 OTC 表面紧密结合了柔性 C_3N_4 层,这种紧密的结构有利于长链多硫化物的吸附和双向拉伸,并能加速 LiPS 分解,改善电池的电化学动力学。

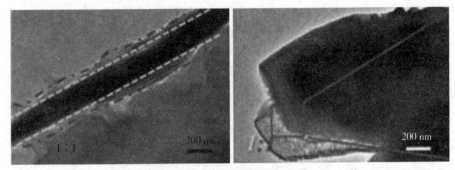

图 6 – 7　OTC/C_3N_4的 TEM 图

C_3N_4 和氧化物颗粒的磁性细节可以从图 6 – 8 的 TEM 图中清楚地看到,在插入的 SAED 图中可以看到对应于 OTC 和 C_3N_4 的两组衍射斑点。

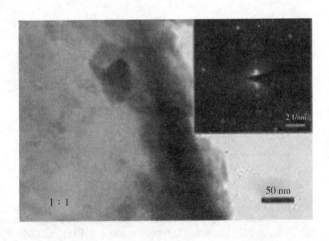

图 6 – 8　OTC/C_3N_4的 TEM 图,插图为 SAED 图

图 6 – 9 为 Ti_3C_2 ene、OTC、OTC/C_3N_4 的 XRD 谱图,由图可以看出

OTC/C_3N_4 由 C_3N_4、Ti_3C_2ene 和 Ti_nO_{2n-1} 组成。

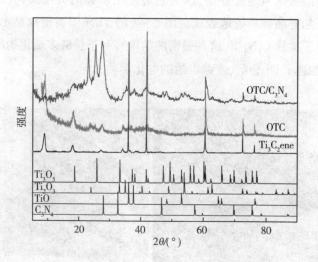

图 6 – 9 Ti_3C_2ene、OTC 和 OTC/C_3N_4 的 XRD 谱图

XPS 结果如图 6 – 10 所示,证明 OTC/C_3N_4 中存在 Ti、C、O 和 N 元素。此外,新生成的 2D 材料的组成符合 C_3N_4 的比例特征,证明了 C_3N_4 的成功合成。

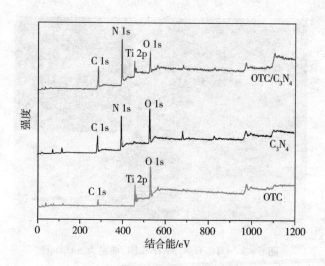

图 6 – 10   不同材料的 XPS 图

OTC 的 C 1s 的 XPS 图如图 6 - 11(a)所示,286.6 eV 和 283.4 eV 处的峰分别对应于 C—O 和 C—Ti。OTC/C_3N_4 的 C 1s 的 XPS 图如图 6 - 11(b)所示,287.2 eV、285.1 eV 和 282.0 eV 处的峰分别对应于 C—N、C—O 和 C—Ti。

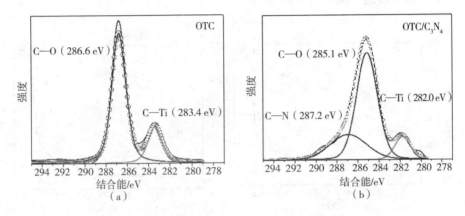

图 6 - 11　OTC 和 OTC/C_3N_4 C 1s 的 XPS 图

利用异质结构对硫的良好润湿性,经过简单的升华处理,硫可以沉积在层间空间中。通过设计不同的硫添加量(1∶10、1∶5、1∶2)可以得到硫含量为 80%、70% 和 60% 的样品,热重曲线如图 6 - 12 所示。

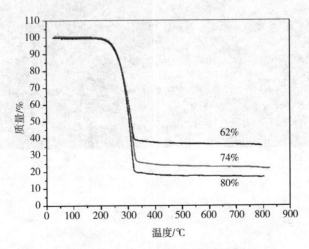

图 6 - 12　不同硫含量的样品的热重曲线

图 6-13 为不同材料的氮气吸附-脱附等温曲线,硫含量为 80% 的样品的比表面积从 123.61 $m^2 \cdot g^{-1}$ 减小至 75.02 $m^2 \cdot g^{-1}$,表明硫进入了夹层结构的裂缝。从图 6-14 的 SEM 图及相应的 EDS 图中可以看出,硫含量为 80% 的 $OTC/S/C_3N_4$ 传递了均匀的 S 信号。

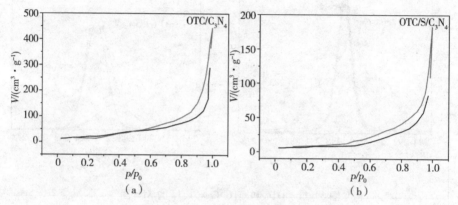

图 6-13　不同材料的氮气吸附-脱附等温曲线

(a) OTC/C_3N_4;(b) $OTC/S/C_3N_4$

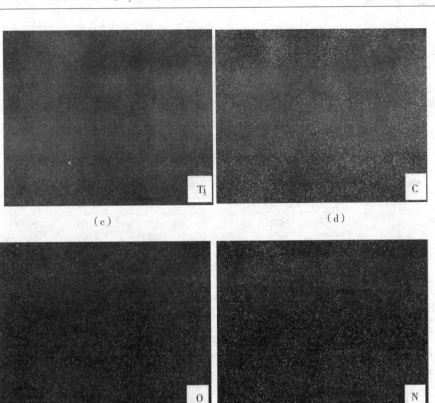

图 6 - 14　(a) $OTC/S/C_3N_4$ 的 SEM 图及相应的 EDS 图，
(b) S；(c) Ti；(d) C；(e) O；(f) N

　　OTC/C_3N_4 的上级吸附能力可以通过典型的 Li_2S_6 溶液的颜色变化来区分。将 OTC/C_3N_4 和 OTC 粉末浸泡后，Li_2S_6 溶液的颜色明显褪去，如图 6 - 15 所示。而含有 C_3N_4 的小瓶也褪色，但略深，表明 OTC 和 OTC/C_3N_4 的吸附性能比 C_3N_4 更好。此外，为了进一步证明 OTC/C_3N_4 对 LiPS 具有吸附能力，收集 Li_2S_6 的上层溶液和含有 Li_2S_6 的 OTC/C_3N_4，将两者进行 UV - vis 测试。原始 Li_2S_6 溶液在可见光范围内可观察到吸收峰，而浸泡 OTC/C_3N_4 后溶液的吸光度接近 0，证实所有 Li_2S_6 分子均被 OTC/C_3N_4 吸收。

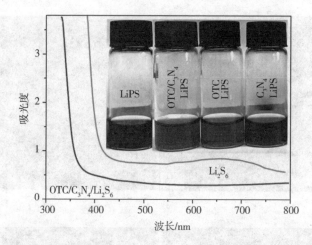

图 6 – 15　添加不同材料后 LiPS 小瓶的实验

以及 Li_2S_6 原始和添加 OTC/C_3N_4 6 h 后上清液的 UV – vis 曲线

在 LiPS 吸附之前和之后对 OTC/C_3N_4 进行 XPS 测试,如图 6 – 16 所示。在 LiPS 吸附样品中同时存在另外的 Ti—S 和 Li—N,进一步证明了 OTC/C_3N_4 对 LiPS 具有较强的吸附能力。原始 OTC/C_3N_4 的 Ti 2p 的 XPS 图如图 6 – 17 所示,同样证实了夹层结构材料对 LiPS 具有双向吸附作用。

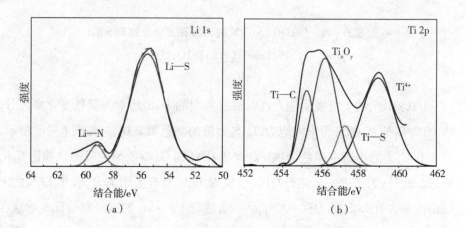

图 6 – 16　(a) Li 1s 和 (b) Ti 2p 的高分辨 XPS 图

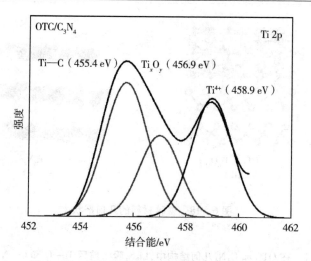

图 6 – 17　OTC/C_3N_4 的高分辨率 Ti 2p 的 XPS 图

　　为了进一步证明双向吸附的存在,笔者分别模拟了 Li_2S_4 在 OTC 和 C_3N_4 表面的吸附结构。OTC 吸附的几何形状分别包括 TiO、Ti_2O_3、Ti_3O_5 和 Ti_6O_{11} 组合的 OTC 异质结构。未吸附 Li_2S_4 的原始表面几何形状如图 6 – 18 所示。通过比较,吸附 Li_2S_4 后的 Ti—O 和 N—C 被拉长,具体数据如表 6 – 1 所示,其几何结构如图 6 – 19 所示。这表明,Li 优先与 C_3N_4 形成 Li—N,而 S 优先与 OTC 形成 Ti—S。吸附几何形状的俯视图如图 6 – 20 所示。在双层夹层结构中,LiPS 将受到来自两个层状材料的双向吸附。

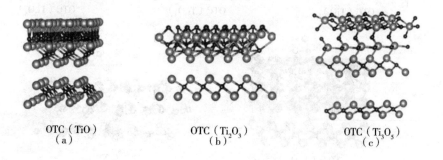

OTC（TiO）　　　OTC（Ti_2O_3）　　　OTC（Ti_3O_5）
（a）　　　　　　　（b）　　　　　　　（c）

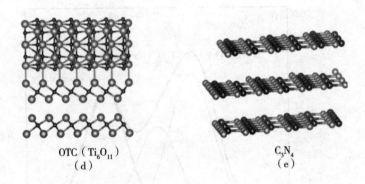

OTC (Ti_6O_{11})
（d）

C_3N_4
（e）

图 6 – 18　各种材料的几何形状

表 6 – 1　在 OTC 和 C_3N_4 几何结构中，Li_2S_4 吸附前后 Ti—O 和 C—N 的键长

键长	Ti—O in TiO—OTC	Ti—O in Ti_2O_3—OTC	Ti—O in Ti_3O_5—OTC	Ti—O in Ti_6O_{11}—OTC	C—N in C_3N_4
吸附前	2.03 Å	1.91 Å	1.84 Å	1.75 Å	1.28 Å
吸附后	2.06 Å	1.98 Å	1.93 Å	1.77 Å	1.42 Å

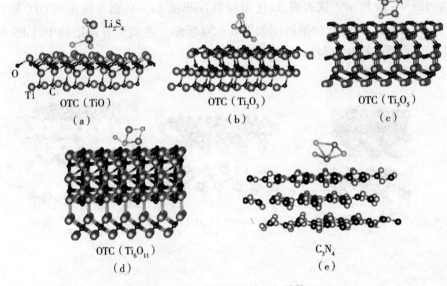

Li_2S_4
O
Ti　C
OTC（TiO）
（a）

OTC（Ti_2O_3）
（b）

OTC（Ti_3O_5）
（c）

OTC（Ti_6O_{11}）
（d）

C_3N_4
（e）

图 6 – 19　各种材料的几何结构

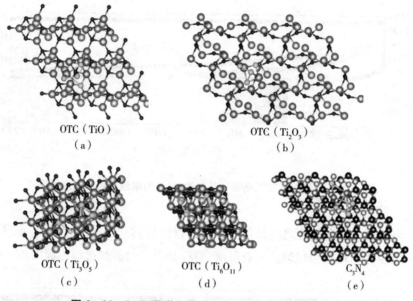

图 6 – 20　Li_2S_4 吸附几种材料的几何结构的俯视图

6.3　$Ti_xO_y - Ti_3C_2/C_3N_4$ 的电化学性能研究

组装后电池的循环稳定性测试结果如图 6 – 21 所示。在 0.5 C 条件下循环 2000 次,OTC/S/C_3N_4 仍能保持 749.5 mAh · g^{-1} 的比容量,每次比容量衰减仅为 0.022% 。相比之下,OTC/S 显示出较低的剩余比容量。与此形成鲜明对比的是,虽然纯 C_3N_4 材料制备的电池具有较高的初始比容量,但在数百次循环后,其比容量迅速衰减,这归因于其较低的 LiPS 吸附能力和 LiPS 转化率。图 6 – 21 中的插图展示了组装的电池为小灯泡供电的情况。经过 2000 次充放电循环,电池容量仍能满足灯泡的消耗。

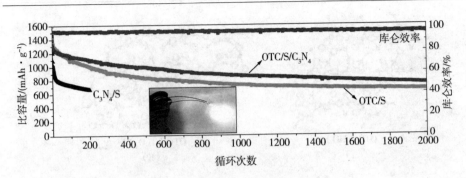

图 6 - 21　不同材料的长期循环稳定性,插图为电池点亮小灯泡的图片

将循环之前和循环之后材料的形态进行比较,如图 6 - 22 所示。循环之后电极表面的颗粒较为均匀且没有脱落,裂纹是电池的拆卸过程引起的。

图 6 - 22　OTC/S/C₃N₄ 的 SEM 图

(a)充放电循环前;(b)充放电循环后

如图 6 - 23 所示,在 2 C 电流密度条件下,硫表面负载分别为 2.4 mg·cm⁻²、3.5 mg·cm⁻²和 4.2 mg·cm⁻²的载体的初始放电比容量分别为 957.3 mAh·g⁻¹、755.2 mAh·g⁻¹和 688.6 mAh·g⁻¹。这三种电池的库仑效率均在 90% 以上。经过 200 次充放电循环,最终获得的比容量分别为 642.9 mAh·g⁻¹、601.4 mAh·g⁻¹和 485.0 mAh·g⁻¹。这表明,硫含量对电池性能影响不大,进一步证明了本章所制备的材料具有较高的反应动力学性能。倍率性能测试结果表明,所制备的材料对电池性能有一定的影响,进一步证明

了所制备的材料具有较高的反应动力学特性。

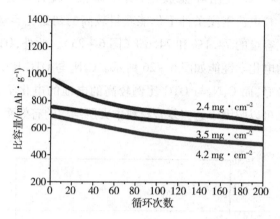

图 6 – 23 OTC/S/C_3N_4在 2 C 条件下的循环性能

笔者分别对 C_3N_4/S、OTC/S 和 OTC/S/C_3N_4进行了倍率特性测试,如图6 – 24 所示,电流密度从 0.1 C 增加到 0.5 C、1.0 C、2.0 C、3.0 C 和 5.0 C,OTC/S/ C_3N_4和 C_3N_4/S 的比容量差距较小。这表明,OTC/S/C_3N_4 和 C_3N_4/S 比 OTC/S 具有更快的反应速度,这可能是因为 C_3N_4的高电导率有利于离子的传输。此外,OTC/S/C_3N_4在三种正极载体中仍然具有最高的比容量和倍率特性,这表明离子扩散不是影响的唯一因素,而可能与 OTC/C_3N_4结构促进还原动力学速度快慢有关。

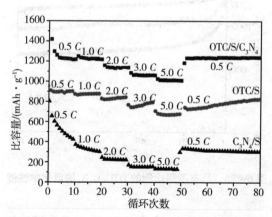

图 6 – 24 OTC/S/C_3N_4、OTC/S 和 C_3N_4/S 的倍率特性

为了验证所制备的材料在贫电解液中的电化学性能,笔者制作了较少电解液添加量的电池。通过循环充放电,贫电解液(硫含量为 5 mg·L^{-1} 和 7 mg·L^{-1})在 2 C 电流密度条件下仍能获得较高的初始比容量,循环 50 次后分别保持初始比容量的 74.1% 和 74.6%(图 6–25)。此外,OTC 与 C$_3$N$_4$ 不同比例的复合物的电化学性能如图 6–26 所示。C$_3$N$_4$ 与 OTC 比例为 1∶1 的电池的电化学性能最好,而 C$_3$N$_4$ 与 OTC 比例较高的电池的电化学性能相对较差。这种不同的性能可以归因于这些复合材料中夹层结构的有效面积。

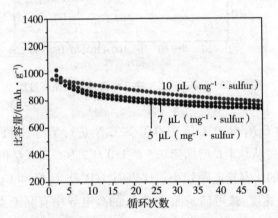

图 6–25　贫电解液条件下 OTC/S/C$_3$N$_4$ 的电化学性能

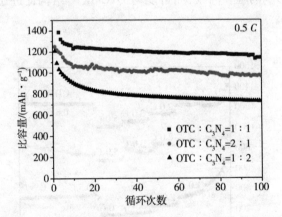

图 6–26　具有不同比例的 OTC/C$_3$N$_4$ 的电化学性能

图 6–27 为添加 Li$_2$S$_8$ 电解质的 OTC/C$_3$N$_4$ 和 OTC 的奈奎斯特曲线。

OTC/C_3N_4 的半圆直径(对应于电池的电荷转移电阻)小于 OTC 阴极的半圆直径,表明 OTC/C_3N_4 的极化效应较弱。锂扩散系数(D_{Li})也可以由两个电极的奈奎斯特曲线计算。对应的斜率值(图 6 - 28)反映出 OTC/C_3N_4 的 D_{Li} 比 OTC 更高。

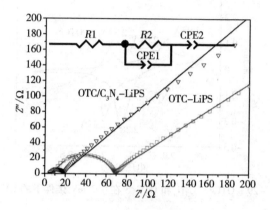

图 6 - 27　不同材料的能奎斯特曲线

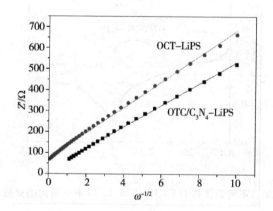

图 6 - 28　对称电池的 EIS 曲线

笔者对不同的材料进行了 CV 测试以验证 OTC/C_3N_4 对 LiPS 的还原反应的催化作用(图 6 - 29)。在 OTC/C_3N_4 中,2.04 V 处的峰对应于长链 LiPS 转化为 Li_2S 的还原峰,OTC 还原峰值高于 1.97 V 时的还原峰值。这一结果表明,使用双层材料有利于长链 LiPS 在较低电位的分解。从图 6 - 30 相应的充放电曲线中也可以看出,在 OTC/C_3N_4 催化下,Li_2S_8 转化为 Li_2S_2/Li_2S 相对应的平台具有更大的比容量范围,氧化还原电压平台也高于 OTC/S,这可归因于 OTC/S 中不存在双向吸附。上述结果证明了双向吸附对氧化还原反应具有催化作用。

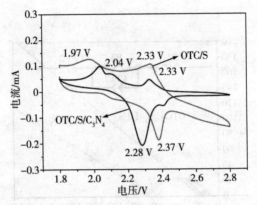

图 6 – 29   OTC/S/C_3N_4 和 OTC/S 在 0.2 mV 条件下的 CV 曲线

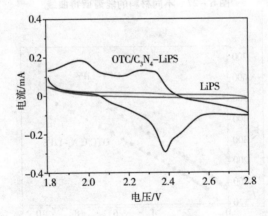

图 6 – 30   不同载体在 1.5 ~ 3.0 V 与 Li/Li 电位窗内的充放电曲线

用含 Li_2S_8 电解质的对称电池的 CV 曲线也验证了双层材料的协同效应。由图 6 – 31 可知,OTC/C_3N_4 电池比空白对称电池具有更高的 LiPS 转换电流密度,说明夹层材料加快了 LiPS 的转换速率。

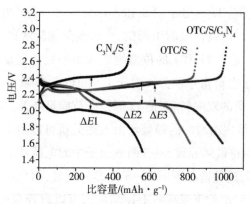

图 6 - 31　对称电池的 CV 曲线

　　根据文献报道的方法测量并计算了两表面的 Li_2S 沉积容量。在 2.05 V 恒压下,电解液中的 Li_2S_8 开始在材料表面沉积,通过对沉积电流时间曲线的积分,可以得到不同聚合物的沉积容量。如图 6 - 32 所示,具有协同作用的电池的沉积容量(221 mAh · g $^{-1}$)高于 OTC 电池的沉积容量(90 mAh · g $^{-1}$)。以上结果表明,夹层结构显著促进了 LiPS 的转化。

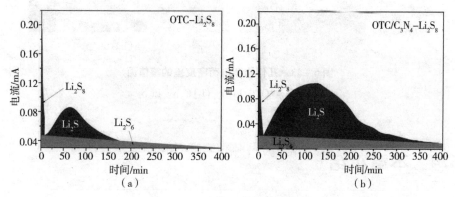

图 6 - 32　不同材料的沉积容量

(a) OTC - Li_2S_8 ; (b) OTC/C_3N_4 - Li_2S_8

　　为了深入解释双向吸附的微观机理,笔者分析了 TiO 吸附 Li_2S_4 后与 OTC 和 C_3N_4 结合的电荷密度差异。平行于 A 轴和 B 轴的二维等值面如图6 - 33所示。位置 S_1 表示与 Li 和 S 连接的 S 原子,位置 S_2 表示与 S 和 Ti 连接的 S 原子。

从图中可以看出,OTC/Li$_2$S$_4$分子的S$_1$和S$_2$都显示出一定的电荷富集,推测S$_2$的电荷富集是由Ti—S的极性吸附引起的,S$_1$的电荷能量增加是由于附着在其上的Li电荷的抵消。至于Li原子的位置则表现出一定的能量降低趋势,这也是与Li相连的S$_2$原子电荷富集所致。对于C$_3$N$_4$/Li$_2$S$_4$体系,N和S在Li原子上的吸附均导致了电荷的双向转移,使Li周围电荷能量降低。因此,与Li相连的S原子的电荷能也呈现出增加的趋势。由上述分析可以得出结论,Li$_2$S$_4$与OTC和C$_3$N$_4$的相互作用将最终导致S—S两侧原子中的电荷富集。根据能量最低和同电荷互斥的原理,这种情况下的S—S更容易断裂,因此会更容易吸引Li,导致还原反应在较低的电位下发生。上述结果即可以解释双向吸附对LiPS还原反应的催化作用。

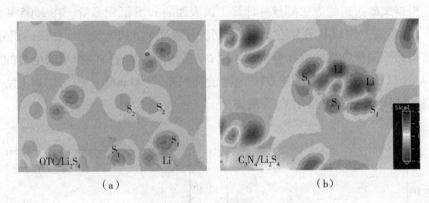

图6-33   几何构型电荷密度差的等值面
(a)TiO和OTC/Li$_2$S$_4$;(b)C$_3$N$_4$/Li$_2$S$_4$

6.4   本章小结

本章制备了一种夹层结构的OTC/S/C$_3$N$_4$。与纯C$_3$N$_4$和OTC改性电池相比,OTC/S/C$_3$N$_4$具有显著改善的循环稳定性和倍率性能。通过进一步的电化学测试和理论计算,LiPS优异的电化学性能不仅与夹层结构的强吸附能力有关,还与LiPS的快速还原动力学有关。微观机理分析表明,材料的双向吸附导致在较低的电位下就可以发生LiPS分子的还原反应。

结　论

本书制备了不同结构和形貌的 RGO@ SiO_2、金属元素修饰的 SiO_2、Ti_3C_2ene 等,分别对锂硫电池的硫正极载体进行修饰和性能改善,经过分析和表征得出以下结论:

(1)RGO@ S/ SiO_2 具有循环寿命长、电容保持率高的特点。相比于传统硫/介孔碳复合正极表现出优越的电化学性能,首次放电比容量接近于理论比容量。在 0.1 C 电流密度条件下循环 400 次能够保持1172 mAh·g^{-1}的比容量。

(2)介孔 SiO_2 表面修饰金属元素后提高了其导电性与对 LiPS 的吸附能力,并抑制了穿梭效应,其改善机理源于纳米多孔 SiO_2 表面M(Ti、Sn、Al)—O—Si的形成。利用 Ti 修饰短棒形和长条形介孔 SiO_2,Ti/Si 为 1/50 左右时,Ti 以高度分散的形式存在于介孔 SiO_2 内部。理论计算结果表明,Ti 修饰能够增加材料的导电性和极性并提高对 LiPS 的吸附能力。短棒形和长条形 S/Ti – SiO_2 在 0.2 C 电流密度条件下具有相似的电化学性能,初始比容量分别为 1027 mAh·g^{-1} 和 1003 mAh·g^{-1},经过 1000 次循环比容量分别保持在 352 mAh·g^{-1} 和 443 mAh·g^{-1}。

(3)以 Al、Sn 修饰的介孔 SiO_2 负载硫载作为锂硫电池正极载体,获得了较好的电化学性能,采用 Al、Sn 修饰 SiO_2 能够有效提高正极载体的导电性和对 LiPS 的吸附能力。

(4)通过化学刻蚀 Ti_3AlC_2 的方法制备了手风琴状的 Ti_3C_2ene。由于 Ti_3C_2ene 表面可有效吸附 LiPS 的活性位点少,因此 S/ Ti_3C_2ene 初始比容量较低、循环性能差。通过快速氧化的方式在 Ti_3C_2ene 上原位生长钛氧化物,在 200 ℃ 时生成的 Ti_xO_y 主要是 TiO 和 Ti_3O_5;500 ℃ 时主要是Ti_6O_{11} 以及少量的 Ti_4O_7;800 ℃ 时生成纯的 TiO_2,且氧化过程中伴有无定形碳的生成。

(5)利用 Ti_3C_2ene 的层间氧化原位制备 Ti_xO_y 氧化物及其复合材料,使

Ti_3C_2ene正极载体的电化学性能得到显著提高。采用水浴法和熔融浸渍法制备了 $S/Ti_3C_2O_x$，$S/500-Ti_3C_2O_x$电化学性能最好。$Ti_3C_2O_x$ 与 LiPS 通过Ti—S相互作用抑制了穿梭效应。1000 次循环后 $S/200-Ti_3C_2O_x$、$S/500-Ti_3C_2O_x$、$S/800-Ti_3C_2O_x$比容量分别保持在 803 mAh·g^{-1}、662 mAh·g^{-1}、264 mAh·g^{-1} 和 186 mAh·g^{-1}，并且在 $0.5\sim20.0\,C$ 电流密度条件下得到极高的倍率性能，同时发现生成的 Ti_xO_y 颗粒能够防止 Ti_3C_2ene 纳米片层叠聚。对充放电和 CV 曲线进行分析，发现了 Li^+ 能在载体的 Ti—C—O 界面发生界面吸附反应而得到额外的界面赝电容贡献。

(6)提出了双向吸附力促进 LiPS 转换动力学的理论，并通过实验合成了具有路易斯酸碱作用和极性吸附作用的夹层结构正极载体 OTC/C_3N_4。结果表明，将该材料用于锂硫电池正极载体，不仅能够有效提升电池的反应动力学，抑制穿梭效应，还能够有效延长电池的循环寿命并提高倍率性能。

参考文献

[1]WINTER M, BRODD R J. What are batteries, fuel cells, and supercapacitors? [J]. Chemical Reviews, 2004, 104(10): 4245-4270.

[2]GU X X, LAI C. Recent development of metal compound applications in lithium-sulphur batteries[J]. Journal of Materials Research, 2018, 33(1): 16-31.

[3]YIN Y X, XIN S, GUO Y G, et al. Lithium - sulfur batteries: Electrochemistry, materials, and prospects [J]. Angewandte Chemie International Edition, 2013, 52(50): 13186-13200.

[4]SCHEERS J, FANTINI S, JOHANSSON P. A review of electrolytes for lithium-sulphur batteries[J]. Journal of Power Sources, 2014, 255: 204-218.

[5]JI X L, LEE K T, NAZAR L F. A highly ordered nanostructured carbon - sulphur cathode for lithium - sulphur batteries[J]. Nature Materials, 2009, 8 (6): 500-506.

[6]SU Y S, FU Y Z, COCHELL T, et al. A strategic approach to recharging lithium - sulphur batteries for long cycle life [J]. Nature Communications, 2013, 4(1): 2985.

[7]PU J, WANG T, TAN Y, et al. Effect of heterostructure - modified separator in lithium - sulfur batteries[J]. Small, 2023, 19(42): 2303266.

[8]XIANG Y Y, LI J S, LEI J H, et al. Advanced separators for lithium - ion and lithium - sulfur batteries: A review of recent progress [J]. ChemSusChem, 2016, 9(21): 3023-3039.

[9]CHUNG S H, MANTHIRAM A. Bifunctional separator with a light - weight carbon - coating for dynamically and statically stable lithium - sulfur batteries

[J]. Advanced Functional Materials, 2015, 24(33): 5299 −5306.

[10] WANG X F, WANG Z X, CHEN L Q. Reduced graphene oxide film as a shuttle − inhibiting interlayer in a lithium − sulfur battery[J]. Journal of Power Sources, 2013, 242: 65 −69.

[11] JIN K K, ZHOU X F, ZHANG L Z, et al. Sulfur/carbon nanotube composite film as a flexible cathode for lithium − sulfur batteries[J]. The Journal of Physical Chemistry C, 2013, 117(41): 21112 −21119.

[12] XIAO Z B, YANG Z, WANG L, et al. A lightweight TiO_2/graphene interlayer applied as a highly effective polysulfide absorbent for fast, long − life lithium − sulfur batteries [J]. Advanced Materials, 2015, 27(18): 2891 −2898.

[13] LI J, HUANG Y D, ZHANG S, et al. Decoration of silica nanoparticles on polypropylene separator for lithium − sulfur batteries [J]. ACS Applied Materials and Interfaces, 2017, 9(8): 7499 −7504.

[14] DOMBAYCIOĞLU Ş, GÜNSEL H, AYDIN A O. Nanofiller − based novel hybrid composite membranes for high − capacity lithium − sulfur batteries[J]. ChemElectroChem, 2023, 10(19): e202300314.

[15] TAN L, LI X H, WANG Z X, et al. Lightweight reduced graphene oxide@ MoS_2 interlayer as polysulfide barrier for high − performance lithium-sulfur batteries [J]. ACS Applied Materials and Interfaces, 2018, 10 (4): 3707 −3713.

[16] GHAZI Z A, HE X, KHATTAK A M, et al. MoS_2/celgard separator as efficient polysulfide barrier for long − life lithium − sulfur batteries [J]. Advanced Materials, 2017, 29(21): 1606817.

[17] ZU C X, SU Y S, FU Y Z, et al. Improved lithium − sulfur cells with a treated carbon paper interlayer[J]. Physical Chemistry Chemical Physics, 2013, 15 (7): 2291 −2297.

[18] CHUNG S H, MANTHIRAM A. A hierarchical carbonized paper with controllable thickness as a modulable interlayer system for high performance Li − S batteries[J]. Chemical Communications, 2014, 50(32): 4184 −4187.

[19] HAN X G, XU Y H, CHEN X Y, et al. Reactivation of dissolved polysulfides

in Li – S batteries based on atomic layer deposition of Al_2O_3 in nanoporous carbon cloth[J]. Nano Energy, 2013, 2(6): 1197 – 1206.

[20]PENG H J, HUANG J Q, ZHAO M Q, et al. Nanoarchitectured graphene/CNT @ porous carbon with extraordinary electrical conductivity and interconnected micro/mesopores for lithium – sulfur batteries[J]. Advanced Functional Materials, 2014, 24(19): 2772 – 2781.

[21]CHANG D R, LEE S H, KIM S W, et al. Binary electrolyte based on tetra (ethylene glycol) dimethyl ether and 1, 3 – dioxolane for lithium – sulfur battery[J]. Journal of Power Sources, 2002, 112(2): 452 – 460.

[22]MOON H, MANDAI T, TATARA R, et al. Solvent activity in electrolyte solutions controls electrochemical reactions in Li – ion and Li – sulfur batteries [J]. The Journal of Physical Chemistry C, 2015, 119(8): 3957 – 3970.

[23]DOKKO K, TACHIKAWA N, YAMAUCHI K, et al. Solvate ionic liquid electrolyte for Li – S batteries[J]. Journal of The Electrochemical Society, 2013, 160(8): A1304 – A1310.

[24]SUO L M, HU Y S, LI H, et al. A new class of solvent – in – salt electrolyte for high – energy rechargeable metallic lithium batteries [J]. Nature Communications, 2013, 4(2): 1481.

[25]LIN Z, LIU Z C, FU W J, et al. Phosphorous pentasulfide as a novel additive for high – performance lithium – sulfur batteries[J]. Advanced Functional Materials, 2013, 23(8): 1064 – 1069.

[26]LIANG X, WEN Z Y, LIU Y, et al. Improved cycling performances of lithium sulfur batteries with $LiNO_3$ – modified electrolyte[J]. Journal of Power Sources, 2011, 196(22): 9839 – 9843.

[27]ZHANG S S. Role of $LiNO_3$ in rechargeable lithium/sulfur battery[J]. Electrochimica Acta, 2012, 70: 344 – 348.

[28]HASSOUN J, SCROSATI B. A high – performance polymer tin sulfur lithium ion battery[J]. Angewandte Chemie International Edition, 2010, 49(13): 2371 – 2374.

[29]ZHOU J, FEDKIW P S. Ionic conductivity of composite electrolytes based on

oligo(ethylene oxide) and fumed oxides[J]. Solid State Ionics, 2004, 166 (3): 275 – 293.

[30] CHO K H, YOU H J, YOUN Y S, et al. Fabrication of $Li_2O – B_2O_3 – P_2O_5$ solid electrolyte by flame – assisted ultrasonic spray hydrolysis for thin film battery[J]. Electrochimica Acta, 2006, 52(4): 1571 – 1575.

[31] KOBAYASHI T, IMADE Y, SHISHIHARA D, et al. All solid – state battery with sulfur electrode and thio – LISICON electrolyte[J]. Journal of Power Sources, 2008, 182(2): 621 – 625.

[32] MACHIDA N, MAEDA H, PENG H, et al. All – solid – state lithium battery with $LiCo_{0.3}Ni_{0.7}O_2$ fine powder as cathode materials with an amorphous sulfide electrolyte[J]. Journal of The Electrochemical Society, 2002, 149 (6): A688 – A693.

[33] LIN Z, LIU Z C, FU W J, et al. Lithium polysulfidophosphates: A family of lithium – conducting sulfur – rich compounds for lithium – sulfur batteries[J]. Angewandte Chemie, 2013, 125(29): 7608 – 7611.

[34] ZHOU Y N, WU C L, ZHANG H, et al. Electrochemical reactivity of Co – Li_2S nanocomposite for lithium – ion batteries[J]. Electrochimica Acta, 2007, 52(9): 3130 – 3136.

[35] CHEN W, QIAN T, XIONG J, et al. A new type of multifunctional polar binder: Toward practical application of high energy lithium sulfur batteries[J]. Advanced Materials, 2017, 29(12): 1605160.

[36] OH S J, LEE J K, YOON W Y. Preventing the dissolution of lithium polysulfides in lithium – sulfur cells by using nafion – coated cathodes[J]. ChemSuschem, 2015, 7(9): 2562 – 2566.

[37] FAN K, TIAN Y H, ZHANG X J, et al. Application of stabilized lithium metal powder and hard carbon in anode of lithium – sulfur battery[J]. Journal of Electroanalytical Chemistry, 2016, 760: 80 – 84.

[38] MA G Q, WEN Z Y, WU M F, et al. A lithium anode protection guided highly – stable lithium – sulfur battery[J]. Chemical Communications, 2014, 50(91): 14209 – 14212.

［39］JING H K, KONG L L, LIU S, et al. Protected lithium anode with porous Al_2O_3 layer for lithium – sulfur battery［J］. Journal of Materials Chemistry A, 2015, 3(23): 12213 – 12219.

［40］YAN Y, YIN Y X, XIN S, et al. High – safety lithium – sulfur battery with prelithiated Si/C anode and ionic liquid electrolyte［J］. Electrochimica Acta, 2013, 91: 58 – 61.

［41］HASSOUN J, KIM J, LEE D J, et al. A contribution to the progress of high energy batteries: A metal – free, lithium – ion, silicon – sulfur battery［J］. Journal of Power Sources, 2012, 202: 308 – 313.

［42］ZHOU W D, CHEN H, YU Y C, et al. Amylopectin Wrapped graphene oxide/sulfur for improved cyclability of lithium – sulfur battery［J］. ACS Nano, 2013, 7(10): 8801 – 8808.

［43］SONG J X, XU T, GORDIN M L, et al. Nitrogen – doped mesoporous carbon promoted chemical adsorption of sulfur and fabrication of high – areal – capacity sulfur cathode with exceptional cycling stability for lithium – sulfur batteries ［J］. Advanced Functional Materials, 2014, 24(9): 1243 – 1250.

［44］WU F, CHEN J Z, LI L, et al. Improvement of rate and cycle performence by rapid polyaniline coating of a MWCNT/sulfur cathode［J］. The Journal of Physical Chemistry C, 2011, 115(49): 24411 – 24417.

［45］ZHENG G Y, ZHANG Q F, CHA J J, et al. Amphiphilic surface modification of hollow carbon nanofibers for improved cycle life of lithium sulfur batteries ［J］. Nano Letters, 2013, 13(3): 1265 – 1270.

［46］LI X, CHENG X B, GAO M X, et al. Amylose – derived macrohollow core and microporous shell carbon spheres as sulfur host for superior lithium – sulfur battery cathodes［J］. ACS Applied Materials and Interfaces, 2017, 9(12): 10717 – 10729.

［47］WANG H L, YANG Y, LIANG Y Y, et al. Graphene – wrapped sulfur particles as a rechargeable lithium – sulfur battery cathode material with high capacity and cycling stability［J］. Nano Letters, 2011, 11(7): 2644 – 2647.

［48］DING B, YUAN C Z, SHEN L F, et al. Encapsulating sulfur into hierarchically ordered porous carbon as a high – performance cathode for lithium – sulfur batteries[J]. Chemistry A European Journal, 2013, 19(3): 1013 – 1019.

[49]XIN S, GU L, ZHAO N H, et al. Smaller sulfur molecules promise better lithium – sulfur batteries[J]. Journal of The American Chemical Society, 2012, 134(45): 18510 – 18513.

[50]JAYAPRAKASH N, SHEN J, MOGANTY S S, et al. Porous hollow carbon@ sulfur composites for high – power lithium – sulfur batteries[J]. Angewandte Chemie, 2011, 123(26): 6026 – 6030.

[51]WANG M J, WANG W K, WANG A B, et al. A multi – core – shell structured composite cathode material with a conductive polymer network for Li – S batteries[J]. Chemical Communications, 2013, 49(87): 10263 – 10265.

[52]ARNAB G, SWAPNIL S, GAGANPREET S K, et al. Sustainable sulfur – rich copolymer/graphene composite as lithium – sulfur battery cathode with excellent electrochemical performance[J]. Scientific Reports, 2016, 6(1): 25207.

[53]SUN Y, WANG S P, CHENG H, et al. Synthesis of a ternary polyaniline@ acetylene black – sulfur material by continuous two – step liquid phase for lithium sulfur batteries[J]. Electrochimica Acta, 2015, 158: 143 – 151.

[54] SOHN H, GORDIN M L, REGULA M, et al. Porous spherical polyacrylonitrile – carbon nanocomposite with high loading of sulfur for lithium – sulfur batteries[J]. Journal of Power Sources, 2016, 302: 70 – 78.

[55] SEH Z W, WANG H T, HSU P C, et al. Facile Synthesis of Li_2S – polypyrrole composite structures for high – performance Li_2S cathodes[J]. Energy and Environmental Science, 2014, 7(2): 672 – 676.

[56]WEI P, FAN M Q, CHEN H C, et al. Enhanced cycle performance of hollow polyaniline sphere/sulfur composite in comparison with pure sulfur for lithium – sulfur batteries[J]. Renewable Energy, 2016, 86: 148 – 153.

[57]KONG W B, SUN L, WU Y, et al. Binder – free polymer encapsulated sulfur – carbon nanotube composite cathodes for high performance lithium

batteries[J]. Carbon, 2016, 96: 1053 – 1059.

[58] DING K, LIU Q, BU Y K, et al. High surface area porous polymer frameworks: Potential host material for lithium – sulfur batteries[J]. Journal of Alloys and Compounds, 2016, 657: 626 – 630.

[59] PONRAJ R, KANNAN A G, AHN J H, et al. Effective trapping of lithium polysulfides using a functionalized carbon nanotube – coated separator for lithium – sulfur cells with enhanced cycling stability [J]. ACS Applied Materials and Interfaces, 2017, 9(44): 38445 – 38454.

[60] MA L, ZHUANG H L, WEI S Y, et al. Enhanced Li – S batteries using amine – functionalized carbon nanotubes in the cathode[J]. ACS Nano, 2016, 10(1): 1050 – 1059.

[61] DING Y L, KOPOLD P, HAHN K, et al. Lithium – sulfur batteries: Facile solid – state growth of 3D well – interconnected nitrogen – rich carbon nanotube – graphene hybrid architectures for lithium – sulfur batteries [J]. Advanced Functional Materials, 2016, 26(7): 1144.

[62] LI G X, SUN J H, HOU W P, et al. Three – dimensional porous carbon composites containing high sulfur nanoparticle content for high – performance lithium – sulfur batteries[J]. Nature Communications, 2016, 7(1): 10601.

[63] ZHOU J W, LI R, FAN X X, et al. Rational design of a metal – organic framework host for sulfur storage in fast, long – cycle Li – S batteries [J]. Energy and Environmental Science, 2014, 7(8): 2715 – 2724.

[64] ZHAO Z X, WANG S, LIANG R, et al. Graphene – wrapped chromium – MOF(MIL – 101)/sulfur composite for performance improvement of high – rate rechargeable Li – S batteries[J]. Journal of Materials Chemistry A, 2014, 2 (33): 13509 – 13512.

[65] XU G Y, DING B, SHEN L F, et al. Sulfur embedded in metal organic framework – derived hierarchically porous carbon nanoplates for high performance lithium – sulfur battery [J]. Journal of Materials Chemistry A, 2013, 1(14): 4490 – 4496.

[66] WANG Z Q, WANG B X, YANG Y, et al. Mixed – metal – organic framework

with effective lewis acidic sites for sulfur confinement in high – performance lithium – sulfur batteries[J]. ACS Applied Materials and Interfaces, 2015, 7 (37): 20999 – 21004.

[67] SEH Z W, LI W Y, CHA J J, et al. Sulphur – TiO$_2$ yolk – shell nanoarchitecture with internal void space for long – cycle lithium – sulphur batteries[J]. Nature Communications, 2013, 4(4): 1331.

[68] TAO X Y, WANG J G, YING Z G, et al. Strong sulfur binding with conducting magnéli – phase Ti$_n$O$_{2n-1}$ nanomaterials for improving lithium – sulfur batteries[J]. Nano Letters, 2014, 14(9): 5288 – 5294.

[69] JI X L, EVERS S, BLACK R, et al. Stabilizing lithium – sulphur cathodes using polysulphide reservoirs[J]. Nature Communications, 2011, 2: 325.

[70] LI Z, ZHANG J T, Lou X W. Hollow carbon nanofibers filled with MnO$_2$ nanosheets as efficient sulfur hosts for lithium – sulfur batteries [J]. Angewandte Chemie, 2015, 127(44): 13078 – 13082.

[71] Ni L B, WU Z, Zhao G J, et al. Core – shell structure and interaction mechanism of γ – MnO$_2$ coated sulfur for improved lithium – sulfur batteries [J]. Small, 2017, 13(14): 1603466.

[72] LEE K T, BLACK R, YIM T, et al. Surface – initiated growth of thin oxide coatings for Li – sulfur battery cathodes[J]. Advanced Energy Materials, 2012, 2(12): 1490 – 1496.

[73] CUI Z M, ZU C X, ZHOU W D, et al. Mesoporous titanium nitride – enabled highly stable lithium – sulfur batteries[J]. Advanced Materials, 2016, 28 (32): 6926 – 6931.

[74] SIM E S, YI G S, JE M, et al. Understanding the anchoring behavior of titanium carbide – based Mxenes depending on the functional group in LiS batteries: A density functional theory study[J]. Journal of Power Sources, 2017, 342: 64 – 69.

[75] RAO D W, ZHANG L Y, WANG Y H, et al. Mechanism on the improved performance of lithium sulfur batteries with Mxene – based additives[J]. Journal of Physical Chemistry C, 2017, 121(21): 11047 – 11054.

[76]MOON S, JUNG Y H, JUNG W K, et al. Batteries: Encapsulated monoclinic sulfur for stable cycling of Li – S rechargeable batteries [J]. Advanced Materials, 2013, 25(45): 6546.

[77]CHEN T, CHENG B R, ZHU G Y, et al. Highly efficient retention of polysulfides in "sea urchin" – like carbon nanotube/nanopolyhedra superstructures as cathode material for ultralong – life lithium – sulfur batteries [J]. Nano Letters, 2017, 17(1): 437 –444.

[78]LI Z, ZHANG J T, GUAN B Y, et al. A sulfur host based on titanium monoxide@ carbon hollow spheres for advanced lithium – sulfur batteries[J]. Nature Communications, 2016, 7: 13065.

[79]PANG Q, KUNDU D, CUISINIER M, et al. Surface – enhanced redox chemistry of polysulphides on a metallic and polar host for lithium – sulphur batteries[J]. Nature Communications, 2014, 5: 4759.

[80]ZHAO X Q, LIU M, CHEN Y, et al. Fabrication of layered Ti_3C_2 with an accordion – like structure as a potential cathode material for high performance lithium – sulfur batteries[J]. Journal of Materials Chemistry A, 2015, 3(15): 7870 –7876.

[81]LIANG X, KWOK C Y, LODI – MARZANO F, et al. Tuning transition metal oxide – sulfur interactions for long life lithium sulfur batteries: The "goldilocks" principle [J]. Advanced Energy Materials, 2016, 6(6): 1501636.

[82]BAO W Z, XIE X Q, XU J, et al. Confined sulfur in 3D MXene/reduced graphene oxide hybrid nanosheets for lithium – sulfur battery[J]. Chemistry A European Journal, 201, 23(51): 12613 –12619.

[83]LIN C, ZHANG W K, WANG L, et al. A few – layered Ti_3C_2 nanosheet/glass fiber composite separator as lithium polysulphide reservoir for high – performance lithium – sulfur battery [J]. Journal of Materials Chemistry A, 2016, 4(16): 5993 –5998.

[84]LI L, CHEN L, MUKHERJEE S, et al. Phosphorene as a polysulfide immobilizer and catalyst in high – performance lithium – sulfur batteries[J].

Advanced Materials, 2016, 29(2): 1602734.

[85] LIANG X, HART C, PANG Q, et al. A highly efficient polysulfide mediator for lithium – sulfur batteries[J]. Nature Communications, 2015, 6: 5682.

[86] TAO X Y, WANG J G, LIU C, et al. Balancing surface adsorption and diffusion of lithium – polysulfides on nonconductive oxides for lithium – sulfur battery design[J]. Nature Communications, 2016, 7(1): 11203.

[87] He J R, Chen Y F, LU W Q, et al. From metal – organic framework to Li₂S@ C—Co—N nanoporous architecture: A high – capacity cathode for lithium – sulfur batteries[J]. ACS Nano, 2016, 10(12): 10981 – 10987.

[88] WANG C, WANG X S, YANG Y, et al. Slurryless Li₂S/reduced graphene oxide cathode paper for high – performance lithium sulfur battery[J]. Nano Letters, 2015, 15(3): 1796 – 1802.

[89] ZU C X, KLEIN M, MANTHIRAM A. Activated Li₂S as a high – performance cathode for rechargeable lithium – sulfur batteries[J]. The Journal of Physical Chemistry Letters, 2014, 5(22): 3986 – 3991.

[90] WU F X, MAGASINSKI A, YUSHIN G. Nanoporous Li₂S and MWCNT – linked Li₂S powder cathodes for lithium – sulfur and lithium – ion battery chemistries [J]. Journal of Materials Chemistry A, 2014, 2(17): 6064 – 6070.

[91] HAN F D, YUE J, FAN X L, et al. High – performance all – solid – state lithium – sulfur battery enabled by a mixed – conductive Li₂S nanocomposite [J]. Nano Letters, 2016, 16(7): 4521 – 4527.

[92] XIAO Z B, YANG Z, ZHANG L J, et al. Sandwich – type NbS₂@ S@ I – doped graphene for high – sulfur – loaded, ultrahigh – rate and long – life lithium – sulfur batteries[J]. ACS Nano, 2017, 11(8): 8488 – 8498.

[93] LEI T Y, CHEN W, HUANG J W, et al. Multi – functional layered WS₂ nanosheets for enhancing the performance of lithium – sulfur batteries [J]. Advanced Energy Materials, 2017, 7(4): 1601843.

[94] SEH Z W, YU J H, LI W Y, et al. Two – dimensional layered transition metal disulphides for effective encapsulation of high – capacity lithium sulphide

cathodes[J]. Nature Communications, 2014, 5: 5017.

[95] ZHOU J, LIN N, CAI W L, et al. Synthesis of S/CoS$_2$ nanoparticles - embedded N - doped carbon polyhedrons from polyhedrons ZIF - 67 and their properties in lithium - sulfur batteries[J]. Electrochimica Acta, 2016, 218 (16): 243 - 251.

[96] MA L, WEI S Y, ZHUANG H L, et al. Hybrid cathode architectures for lithium batteries based on TiS$_2$ and sulfur[J]. Journal of Materials Chemistry A, 2015, 3(39): 19857 - 19866.

[97] LUO S Q, ZHENG C M, LI Y J, et al. Cobalt and nitrogen Co - doped nano - porous carbon: Synthesis and application for lithium - sulfur battery [J]. Journal of Power and Energy Engineering, 2017, 5(12): 16 - 20.

[98] LIANG C D, DAI S. Synthesis of mesoporous carbon materials via enhanced hydrogen - bonding interaction [J]. Journal of The American Chemical Society, 2006, 128(16): 5316 - 5317.

[99] YANG J, SHEN Z M, HAO Z B. Preparation of highly microporous and mesoporous carbon from the mesophase pitch and its carbon foams with KOH [J]. Carbon, 2004, 42(8): 1872 - 1875.

[100] ZHAO D Y, FENG J L, HUO Q S, et al. Triblock copolymer syntheses of mesoporous silica with periodic 50 to 300 angstrom pores[J]. Science, 1998, 279(5350): 548 - 552.

[101] LIANG X, WEN Z Y, LIU Y, et al. Highly dispersed sulfur in ordered mesoporous carbon sphere as a composite cathode for rechargeable polymer Li/S battery[J]. Journal of Power Sources, 2011, 196(7): 3655 - 3658.

[102] SAKUDA A, SATO Y, HAYASHI A, et al. Sulfur - based composite electrode with interconnected mesoporous carbon for all - solid - state lithium - sulfur batteries[J]. Energy Technology, 2019, 7(12): 1900077.

[103] ZU C X, MANTHIRAM A. Hydroxylated graphene - sulfur nanocomposites for high - rate lithium - sulfur batteries [J]. Advanced Energy Materials, 2013, 3(8): 1008 - 1012.

[104] ZHOU G M, YIN L C, WANG D W, et al. Fibrous hybrid of graphene and

sulfur nanocrystals for high – performance lithium – sulfur batteries[J]. ACS nano, 2013, 7(6): 5367 –5375.

[105]LEE J S, MANTHIRAM A. Hydroxylated N – doped carbon nanotube – sulfur composites as cathodes for high – performance lithium – sulfur batteries[J]. Journal of Power Sources, 2017, 343: 54 –59.

[106]LI W Y, ZHENG G Y, YANG Y, et al. High – performance hollow sulfur nanostructured battery cathode through a scalable, room temperature, one – step, bottom – up approach[J]. Proceedings of the National Academy of Sciences, 2013, 110(18): 7148 –7153.

[107]LI M Y, CARTER R, DOUGLAS A, et al. Sulfur vapor – infiltrated 3D carbon nanotube foam for binder – free high areal capacity lithium – sulfur battery composite cathodes[J]. ACS Nano, 2017, 11(5): 4877 –4884.

[108] STUMM P, DRABOLD D A, FEDDERS P A. Defects, doping, and conduction mechanisms in nitrogen – doped tetrahedral amorphous carbon[J]. Journal of Applied Physics, 1997, 81(3): 1289 –1295.

[109]ZHOU J H, HE J P, ZHANG C X, et al. Mesoporous carbon spheres with uniformly penetrating channels and their use as a supercapacitor electrode material[J]. Materials Characterization, 2010, 61(1): 31 –38.

[110] NYFELER D, HOFFMANN C, ARMBRUSTER T, et al. Orthorhombic jahn – teller distortion and Si – OH in mozartite, $CaMn^{3+}O[SiO_3OH]$: A single – crystal X – Ray, FTIR, and structure modeling study[J]. American Mineralogist, 1997, 82(9 –10): 841 –848.

[111]HE G, JI X L, NAZAR L. High "C" rate Li – S cathodes: Sulfur imbibed bimodal porous carbons[J]. Energy and Environmental Science, 2011, 4(8): 2878 –2883.

[112] CHOMA J, GÓRKA J, JARONIEC M. Mesoporous carbons synthesized by soft – templating method: Determination of pore size distribution from argon and nitrogen adsorption isotherms [J]. Microporous and Mesoporous Materials, 2008, 112(1 –3): 573 –579.

[113] BERNADÓ P, MYLONAS E, PETOUKHOV M V, et al. Structural

characterization of flexible proteins using small – angle X – ray scattering[J]. Journal of The American Chemical Society, 2007, 129(17): 5656 –5664.

[114]WU P, TATSUMI T, KOMATSU T, et al. Postsynthesis, characterization, and catalytic properties in alkene epoxidation of hydrothermally stable mesoporous Ti – SBA – 15 [J]. Chemistry of Materials, 2002, 14 (4): 1657 –1664.

[115]WANG T H, JAMES P F. Strengthening soda – lime – silica glass by a low – expansion coating applied by melt dipping[J]. Journal of Materials Science, 1991, 26(2): 354 –360.

[116]PENG H J, ZHANG Z W, HUANG J Q, et al. A cooperative interface for highly efficient lithium – sulfur batteries[J]. Advanced Materials, 2016, 28 (43): 9551 –9558.

[117]FENG Y J, DING H Y, ZHANG W J. Research on electrocatalytic properties of rare earth doped Ti/SnO$_2$ – Sb electrodes by CV and tafel curves [J]. Materials Science and Technology, 2009, 17(2): 278 –277.

[118]YU X W, MANTHIRAM A. A class of polysulfide catholytes for lithium – sulfur batteries: Energy density, cyclability, and voltage enhancement[J]. Physical Chemistry Chemical Physics, 2015, 17(3): 2127 –2136.

[119] PONNADA S, KIAI M S, GORLE D B, et al. History and recent developments in divergent electrolytes towards high – efficiency lithium – sulfur batteries – a review [J]. Materials Advances, 2021, 2 (13): 4115 –4139.

[120]LI Z, HOU L P, YAO N, et al. Correlating polysulfide solvation structure with electrode kinetics towards long – cycling lithium – sulfur batteries[J]. Angewandte Chemie, 2023, 135(43): e202309968.

[121]LI S L, ZHANG W F, ZHENG J F, et al. Inhibition of polysulfide shuttles in Li – S batteries: Modified separators and solid – state electrolytes [J]. Advanced Energy Materials, 2021, 11(2): 2000779.

[122] ZHANG X Q, JIN Q, NAN Y L, et al. Electrolyte structure of lithium polysulfides with anti – reductive solvent shells for practical lithium – sulfur

batteries[J]. Angewandte Chemie International Edition, 2021, 60 (28):
15503 - 15509.

[123] BACH U, LUPO D, COMTE P, et al. Solid - state dye - sensitized
mesoporous TiO$_2$ solar cells with high photon - to - electron conversion
efficiencies[J]. Nature, 1998, 395(6702): 583 - 585.

[124] ANTONELLI D M, YING J Y. Synthesis of hexagonally packed mesoporous
TiO$_2$ by a modified sol - gel method[J]. Angewandte Chemie International
Edition, 1995, 34(18): 2014 - 2017.

[125] SARKAR A, JEON N J, NOH J H, et al. Well - organized mesoporous TiO$_2$
photoelectrodes by block copolymer - induced sol - gel assembly for
inorganic - organic hybrid perovskite solar cells [J]. Journal of Physical
Chemistry C, 2014, 118(30): 16688 - 16693.

[126] YUE Y F, UMEYAMA T, KOHARA Y, et al. Polymer - assisted
construction of mesoporous TiO$_2$ layers for improving perovskite solar cell
performance[J]. The Journal of Physical Chemistry C, 2015, 119 (40):
22847 - 22854.

[127] HUANG A B, ZHU J T, ZHENG J Y, et al. Mesostructured perovskite solar
cells based on highly ordered TiO$_2$ network scaffold via anodization of Ti thin
film[J]. Nanotechnology, 2016, 28(5): 055403.

[128] LUO L L, KONG F, CHU S, et al. Hemoglobin Immobilized within
mesoporous TiO$_2$ - SiO$_2$ material with high loading and enhanced catalytic
activity[J]. New Journal of Chemistry, 2011, 35(12): 2832 - 2839.

[129] PEI S, ZAJAC G W, KADUK J A, et al. Re - investigation of titanium
silicalite by X - ray absorption spectroscopy: Are the novel titanium sites real?
[J]. Catalysis letters, 1993, 21(3): 333 - 344.

[130] LASSALETTA G, FERNANDEZ A, ESPINOS J P, et al. Spectroscopic
characterization of quantum - sized TiO$_2$ supported on silica: Influence of size
and TiO$_2$ - SiO$_2$ interface composition[J]. The Journal of Chemical Physics,
1995, 99(5): 1484 - 1490.

[131] LIN X J, SHANG Y S, LI L Y, et al. Sea - urchin - like cobalt oxide grown

on nickel foam as a carbon – free electrode for lithium – oxygen batteries[J]. ACS Sustainable Chemistry and Engineering, 2015, 3(5): 903 – 908.

[132]AMINI S, BARSOUM M W, EL – RAGHY T. Synthesis and mechanical properties of fully dense Ti_2SC[J]. Journal of the American Ceramic Society, 2007, 90(12): 3953 – 3958.

[133]HU Q H, SUN D S, WU Q H, et al. Mxene: A new family of promising hydrogen storage medium[J]. Journal of Physical Chemistry A, 2013, 117 (51): 14253 – 14260.

[134]LI R Y, ZHANG L B, SHI L, et al. Mxene Ti_3C_2: An effective 2D light – to – heat conversion material[J]. ACS Nano, 2017, 11(4): 3752 – 3759.

[135]LUKATSKAYA M R, HALIM J, DYATKIN B, et al. Room – temperature carbide – derived carbon synthesis by electrochemical etching of MAX phases [J]. Angewandte Chemie International Edition, 2014, 126 (19): 4977 – 4980.

[136]SIM E S, CHUNG Y C. Non – uniformly functionalized titanium carbide – based Mxenes as an anchoring material for Li – S batteries: A first – principles calculation[J]. Applied Surface Science, 2018, 435(30): 210 – 215.

[137]WEI H, RODRIGUEZ E F, BEST A S, et al. Chemical bonding and physical trapping of sulfur in mesoporous magnéli Ti_4O_7 microspheres for high performance Li – S battery[J]. Advanced Energy Materials, 2017, 7(4): 1601616.

[138]MEI S L, JAFTA C J, LAUERMANN I, et al. Porous Ti_4O_7 particles with interconnected – pore structure as a high – efficiency polysulfide mediator for lithium – sulfur batteries [J]. Advanced Functional Materials, 2017, 27 (26): 1701176.

[139]YU M P, MA J S, SONG H Q, et al. Atomic layer deposited TiO_2 on a nitrogen – doped graphene/sulfur electrode for high performance lithium – sulfur batteries [J]. Energy and Environmental Science, 2016, 9 (4): 1495 – 1503.

[140]ZHAO Y M, ZHAO J X. Functional group – dependent anchoring effect of

titanium carbide – based Mxenes for lithium – sulfur batteries: A computational study [J]. Applied Surface Science, 2017, 412 (1): 591 – 598.

[141] ZHU X R, GE M, SUN T M, et al. Rationalizing functionalized MXenes as effective anchor materials for lithium – sulfur batteries via first – principles calculations[J]. The Journal of Physical Chemistry Letters, 2023, 14(8): 2215 – 2221.

[142] ZHAO S Q, FENG F, YU F Q, et al. Flower – to – petal structural conversion and enhanced interfacial storage capability of hydrothermally crystallized mnco$_3$ via the in situ doping of graphene oxide[J]. Journal of Materials Chemistry A, 2015, 3(47): 24095 – 24102.

[143] ZHONG Y R, YANG M, ZHOU X L, et al. Orderly packed anodes for high – power lithium – ion batteries with super – long cycle life: Rational design of MnCO$_3$/large – area graphene composites[J]. Advanced Materials, 2015, 27(5): 806 – 812.

[144] FEI J M, ZHAO S Q, BO X X, et al. Nano – single – crystal – constructed submicron MnCO$_3$ hollow spindles enabled by solid precursor transition combined Ostwald ripening in situ on graphene toward exceptional interfacial and capacitive lithium storage[J]. Carbon Energy, 2023, 5(8): e333.

[145] ZHOU L K, KONG X H, GAO M, et al. Hydrothermal fabrication of MnCO$_3$ @ rGO composite as an anode material for high – performance lithium ion batteries[J]. Inorganic Chemistry, 2014, 53(17): 9228 – 9234.

[146] WANG L, SUN Y W, ZENG S Y, et al. Study on the morphology – controlled synthesis of MnCO$_3$ materials and their enhanced electrochemical performance for lithium ion batteries[J]. CrystEngComm, 2016, 18(41): 8072 – 8079.

[147] WANG J, FU C M, WANG X F, et al. Three – dimensional hierarchical porous TiO$_2$/graphene aerogels as promising anchoring materials for lithium – sulfur batteries[J]. Electrochimica Acta, 2018, 292: 568 – 574.

[148] LI Y Y, CAI Q F, WANG L, et al. Mesoporous TiO$_2$ nanocrystals/graphene

as an efficient sulfur host material for high – performance lithium – sulfur batteries[J]. ACS Applied Materials and Interfaces, 2016, 8(36): 23784 – 23792.

[149] LIU S T, LI Y H, ZHANG C, et al. Amorphous TiO_2 nanofilm interface coating on mesoporous carbon as efficient sulfur host for Lithium – Sulfur batteries[J]. Electrochimica Acta, 2020, 332: 135458.

[150] DENG D R, XUE F, JIA Y J, et al. Co_4N nanosheet assembled mesoporous sphere as a matrix for ultrahigh sulfur content lithium – sulfur batteries[J]. ACS Nano, 2017, 11(6): 6031 –6039.

[151] LI C C, SHI J J, ZHU L, et al. Titanium nitride hollow nanospheres with strong lithium polysulfide chemisorption as sulfur hosts for advanced lithium – sulfur batteries[J]. Nano Research, 2018, 11: 4302 –4312.

[152] WEI W L, LI J M, WANG Q, et al. Hierarchically porous SnO_2 nanoparticle – anchored polypyrrole nanotubes as a high – efficient sulfur/polysulfide trap for high – performance lithium – sulfur batteries[J]. ACS applied materials and interfaces, 2020, 12(5): 6362 –6370.

[153] ZEGEYE T A, KUO C F J, WOTANGO A S, et al. Hybrid nanostructured microporous carbon – mesoporous carbon doped titanium dioxide/sulfur composite positive electrode materials for rechargeable lithium – sulfur batteries[J]. Journal of Power Sources, 2016, 324: 239 –252.

[154] ZHAO X J, WANG H, ZHAI G H, et al. Facile Assembly of 3D porous reduced graphene oxide/ultrathin MnO_2 nanosheets-S aerogels as efficient polysulfide adsorption sites for high-performance lithium – sulfur batteries[J]. Chemistry A European Journal, 2017, 23(29): 7037 –7045.

[155] HWANG J Y, KIM H M, LEE S K, et al. High – energy, high – rate, lithium – sulfur batteries: Synergetic effect of hollow TiO2 – webbed carbon nanotubes and a dual functional carbon-paper interlayer [J]. Advanced Energy Materials, 2016, 6(1): 1501480.

[156] WU H B, WEI S Y, ZHANG L, et al. Embedding sulfur in MOF-derived microporous carbon polyhedrons for lithium – sulfur batteries[J]. Chemistry A

European Journal, 2013, 19(33): 10804 – 10808.

[157] SURIYAKUMAR S, STEPHAN A M, ANGULAKSHMI N, et al. Metal – organic framework @ SiO$_2$ as permselective separator for lithium – sulfur batteries[J]. Journal of Materials Chemistry A, 2018, 6(30): 14623 – 14632.

[158] DING Z W, ZHAO D L, YAO R R, et al. Polyaniline@ spherical ordered mesoporous carbon/sulfur nanocomposites for high – performance lithium – sulfur batteries [J]. International Journal of Hydrogen Energy, 2018, 43 (22): 10502 – 10510.

[159] WANG H C, FAN C Y, ZHENG Y P, et al. Oxygen-deficient titanium dioxide nanosheets as more effective polysulfide reservoirs for lithium-sulfur batteries[J]. Chemistry A European Journal, 2017, 23(40): 9666 – 9673.

[160] KANG H, PARK M J. Thirty – minute synthesis of hierarchically ordered sulfur particles enables high – energy, flexible lithium – sulfur batteries[J]. Nano Energy, 2021, 89: 106459.

[161] HACKETT K, VERHOEF S, CUTLER R A, et al. Phase constitution and mechanical properties of carbides in the Ta – C system[J]. Journal of the American Ceramic Society, 2009, 92(10): 2404 – 2407.

[162] PRIKHNA T A, DUB S N, STAROSTINA A V, et al. Mechanical properties of materials based on MAX phases of the Ti – Al – C system[J]. Journal of superhard materials, 2012, 34: 102 – 109.

[163] PAZNIAK A, BAZHIN P, SHCHETININ I, et al. Dense Ti$_3$AlC$_2$ based materials obtained by SHS – extrusion and compression methods [J]. Ceramics International, 2019, 45(2): 2020 – 2027.

[164] MURUGAIAH A, SOUCHET A, EL-RAGHY T, et al. Tape casting, pressureless sintering, and grain growth in Ti$_3$SiC$_2$ compacts[J]. Journal of the American Ceramic Society, 2004, 87(4): 550 – 556.

[165] LANE N J, NAGUIB M, LU J, et al. Structure of a new bulk Ti$_5$Al$_2$C$_3$ MAX phase produced by the topotactic transformation of Ti$_2$AlC[J]. Journal of the European Ceramic Society, 2012, 32(12): 3485 – 3491.

[166]ZHANG H B, ZHOU Y C, BAO Y W, et al. Intermediate phases in synthesis of Ti_3SiC_2 and $Ti_3Si(Al)C_2$ solid solutions from elemental powders [J]. Journal of the European Ceramic Society, 2006, 26(12): 2373 –2380.